# 防衛省追及

石井 暁
Gyou Ishii

地平社

# まえがき――日本が戦争に近づいていった30年間

東京・六本木の中心にそびえる「東京ミッドタウン」。近代的な建物を見上げると、一瞬、幻を見ているような気がしてくる。かつてそこには、旧防衛庁（現防衛省）の古びたビル群が並んでいた。毎日通って取材、執筆する〝職場〟だった。

勤務する共同通信社で強く希望して、社会部防衛庁担当になったのは、１９９４年。冷戦終結から5年経過していた。最初の仕事は、アフリカのザイール（現コンゴ民主共和国）に行き、自衛隊のルワンダ難民救援隊の活動を取材することだった。４カ月間の取材を終えて帰国すると、阪神・淡路大震災、地下鉄サリン事件と大きな出来事が続いた。

この時代の防衛庁は〝自衛隊管理庁〟と揶揄されるほどで、自衛隊の管理が主な仕事だったと言っても過言ではない。ある意味、平穏でのどかな時代だったと言えるかもしれない。冷戦終結直後でロシアは融和路線だった。北朝鮮は前年の１９９３年にノドン・ミサイルの発射実験をしたばかり。中国軍の本格的な海洋進出はまだ始まっていなかった。

防衛庁担当を強く希望した理由は、２つあった。記者という職業を選択した時から考えていたことだ。

新聞など日本のメディアは、第二次世界大戦への反省から再出発した。戦争に反対し、平和を守る。それが記者として最も重要な仕事だと考えた。そのためには、軍事組織である自衛隊と防衛庁の取材をして原稿を書くことが一番の近道ではないか。

もう一つの理由は、ジャーナリズムの使命は権力の監視だと考えたからだ。権力といっても内閣総理大臣から現場の警察官に至るまでさまざまだが、最大の実力組織である自衛隊を監視することは社会部記者としてきわめて意味のある仕事ではないか、と。

希望通りに防衛庁担当になってから、２０２５年で31年が経過したことになる。胸を張って初志貫徹とは言えないが、時代も世界も変容を遂げた。ロシアはウクライナに侵略戦争を仕掛け、北朝鮮の核・ミサイル開発は急速に進んでいる。中国軍の南シナ海、東シナ海への海洋進出は激しさを増し、周辺国への脅威となっている。

そうした安全保障の環境下、戦後日本にとって、現在が最も戦争に巻き込まれる危険性が高まっている。中国が台湾に武力侵攻する「台湾有事」が発生し、米国が参戦した場合、日本が米国に参戦を迫られる危険だ。

それは安倍晋三政権が集団的自衛権の行使を容認し、安全保障法制を成立させたことによってもたらされた。安倍政権は日本版ＮＳＣ（国家安全保障会議）設置、特定秘密保護法成立、武器輸出３原則撤廃と防衛装備移転３原則の決定、そして集団的自衛権行使容認——と着々と「戦争ができる国」づくりを進めた。

その安倍路線を引き継いでさらに押し進め「戦争をする国」にしたのが岸田文雄政権の安全保障関連３文書だ。防衛費をＮＡＴＯ（北大西洋条約機構）並みのＧＤＰ比２％に大幅増額し、そして歴代政権が否定してきた敵基地攻撃能力（反撃能力）を保有することが主な内容だ。まさに台湾有事への参戦を法的に可能にし、「戦争ができる国」にしてしまったのが安倍政権であり、参戦が実質的に可能な「戦争をする国」にしたのが岸田政権だったと言える。

本書に収録した記事は、まさに第２次安倍政権が本格的に「戦争ができる国」づくりに着手した２０１４年から現在に至るまでに発表したものだ。すべての記事が記者の独自情報に基づく。

取材、執筆時には正確な情報でも、その後状況が変化し、結果的に現状とは違ってしまった記事もある。しかし、それについては文末に短い注を入れ、本文はそのままにした（したがって肩書等も執筆当時のものである）。注意して読み進めていただければ幸いだ。

『防衛省追及』

目次

第１章

# 台頭する自衛隊制服組

## 文官統制全廃という「いつか来た道」（2015年４月）

実力組織である軍隊が、政治の統制を離れて暴走し、戦争や内乱、クーデターなどを引き起こすという事例は、現代においてもなお後を絶たない。

日本も例外ではない。戦前、政治や世論の統制を、制度的に受けることのなかった大日本帝国軍は、謀略や暗殺、武力を背景にした威迫、憲兵隊などによる言論弾圧などによって、この国の民主主義を死滅させ、無謀かつ不正義の侵略へと驀進《ばくしん》していった。その反省から構築された戦後の自衛隊における文官統制制度が、いま危機に陥っている。

## 「権限絶大」へ

「U が（自衛隊）設置法12条の削除を強く要求している。U出身の大臣の時に、一気に『文官統制』を全廃しようとしている」

Uとは防衛省でよく使われる言葉で、Uniform＝制服組自衛官のこと。一方の背広組防衛官僚は、Civilian のイニシャルでCと呼ばれている。防衛省内の自室で、局長級の幹部は、危機感を顕わに記者にこう訴えた。

「万一、Uが暴走しようとした時、Cが阻止する機能が低下してしまう。集団的自衛権行使容認で、自衛隊の海外任務が危険な領域に踏み出そうとする時に、あまりに危険だ」局長級幹部の真剣な訴えは、しばらくの間、途切れることがなかった。

２０１４年12月上旬。局長級幹部の部屋を訪れたのは、「運用一元化」への見解を聞くためだった。自衛隊の部隊運用（作戦）については、「文官統制」の観点から内部部局（内局）の運用企画局と制服組自衛官の組織・統合幕僚監部が双方で担ってきた。しかし防衛省は２０１４年８月に「重複している部分が多い」として運用企画局を廃止、統合幕僚監部に一元化する方針を決めていた。かつて統合幕僚会議だった時代、「高位高官、権限皆無」と庁内で揶揄された統幕だが、一元化で「高位高官、権限絶大」になるのは必至だ。

「一元化の陰に隠して、議論にならないようにさらっと12条も改正するつもりだ。今、内閣法制局と法案を詰めている最中だ」。衝撃的な話だった。

## 「文民統制」と「文官統制」

「文官統制」は一般にはなじみのない言葉だろう。では、中学校の公民の教科書にも載っている「文民統制」（シビリアンコントロール）と「文官統制」はどういう関係なのか。

言わずもがなだが、「文民統制」は軍事に対する政治の優越、あるいは軍事力に対する民主主義的な政治の統制を意味する。民主主義国家に共通する基本原則で、Civilian Controlの訳語である。

大日本帝国憲法下で、戦前・戦中に軍部が「統帥権の独立」「天皇の統帥権」を掲げて暴走し、第二次世界大戦の惨禍をアジア・太平洋の人々と日本国民にもたらした。その反省から、日本国憲法に採用されたのは歴史的事実だ。日本国憲法は第66条2項で、自衛隊の最高指揮官である内閣総理大臣と、自衛隊の隊務を統括する防衛大臣を含む国務大臣について「内閣総理大臣その他の国務大臣は、文民でなければならない」と規定している。

その「文民」の定義については、1973年の内閣法制局作成の政府見解では、①「旧陸海軍の職業軍人の経歴を有する者であって、軍国主義的思想に深く染まっていると考えられる者」、②「自衛官の職にある者」――以外の者としている。

一方、学説では文民を「旧職業軍人の経歴を有しない者」とする考え方や、さらには「元自衛官も文民ではない」という考え方も存在する。1994年、陸上幕僚長を務めた永野茂門氏（故人）が法務大臣に就任した時に議論になったが、現在〔2015年〕の中谷元《げん》防衛大臣は、特別な戦闘能力を備えるレンジャー隊員の教官も務めた元2等陸尉だ。

「文民統制」はさまざまなレベルで行われることが必要とされ、①国会による統制、②政府内の統制、③防衛省内の統制――の3点に分類される。

国民を代表する国会が、自衛官の定数、主要組織などを法律・予算の形で議決し、また、防衛出動などの承認を行うことが、「国会による統制」である。

国の防衛に関する事務は、一般行政事務として、内閣の行政権に完全に属しており、内閣を構成する内閣総理大臣その他の国務大臣は、憲法上、文民でなければならないとされている。内閣総理大臣は内閣を代表して自衛隊に対する最高指揮権を持っており、国の防衛に専任する主任大臣である防衛大臣が自衛隊の隊務を統括することで行われるのが、「政府内の統制」。また、国家安全保障会議（NSC）も統制機能を持っている。

そして防衛省内で、軍事的知識も持つ背広組防衛官僚が、文民の防衛大臣を政策的見地から直接補佐して、陸・海・空の3自衛隊の制服組自衛官を、政治あるいは文民政治家に密着させない「防衛省内の統制」が「文官統制」だ。

## 3本柱

「文官統制」の制度は、1954年7月1日に防衛庁が設置され、同時に陸・海・空3自衛隊が発足した時点から、3本柱で構成されていた。

1点目は、その要だった「参事官制度」。背広組防衛官僚が、所掌にとらわれずに大臣を直接補佐する仕組みだった。防衛庁設置法では、背広組防衛官僚が「参事官」として、行政と軍事両面から基本方針策定について「文民」の長官を補佐すると規定していた。8〜10人の「参事官」のうち、数人が内部部局の官房長と局長を兼務する形で運営されていた。2001年の省庁再編に合わせて「防衛参事官」と名称が変わったが、機能はまったく変わらずに維持された。

2点目は、自衛隊の部隊運用（作戦）を各幕僚監部だけに任せない仕組み。各幕僚監部で作成された作戦計画をチェックして、大臣に決裁を求める起案権限を内部部局の防衛局運用課（現在は運用企画局事態対処課、国際協力課）に与えていた。この仕組みについて、1988年に防衛庁の生え抜き官僚として初めて事務次官に就任し「ミスター防衛庁」

と呼ばれた西広整輝《せいき》氏（故人）は、「制服組は開戦の起案はできるが、終戦の起案はできないからだ」と話したと防衛省内で伝えられている。皮肉なことに、現在の西正典事務次官は自他ともに認める西広氏の一番弟子だ。

そして3点目が、背広組防衛官僚が制服組自衛官より優位を保つと規定している現在の防衛省設置法12条だ。12条は、大臣が制服組トップの統合幕僚長や陸・海・空の幕僚長に指示を出したり、幕僚長の方針を承認したり、一般的な監督をしたりする際に、背広組の官房長や局長が「大臣を補佐する」と規定している。これにより「文官統制」ができる仕組みになっていた。

この3本柱のうち、1番目の「参事官制度」は制服組自衛官の圧力に屈するように、十分に議論されることもなく2009年に廃止。2番目と3番目が今まさに風前の灯火となっている。万一、制服組自衛官が暴走しようとした時に、それを阻止するための「伝家の宝刀」として背広組防衛官僚が温存しておいたものだ。

## せめぎ合いの歴史

文官統制をめぐっては、制服組自衛官や制服組ＯＢの政治家と、背広組防衛官僚の間で、長年のせめぎ合いの歴史があった。

発端は、沖縄の米軍用地強制使用問題をめぐる背広組防衛官僚の対応などに不信感を強めた橋本龍太郎内閣が１９９７年、制服組自衛官の政治家への接触を禁じていた防衛庁の事務調整訓令を廃止したことだ。訓令は「国会などへの連絡交渉は内局が行う」と定め、内局幹部の背広組防衛官僚が間に入ることで制服組自衛官の政治への浸透を食い止め、文民統制を補完する働きがあった。

制服組自衛官は、この訓令廃止で政治家への接触が解禁されたと解釈。制服を背広に着替えて、衆参の議員会館や自民党本部などを回って工作活動をする「政治将校」誕生へとつながった。２００１年9月11日の米中枢同時テロ直後には、陸上自衛隊幹部が安倍晋三官房副長官（当時）の自宅を訪ねて、海外派遣された場合の武器使用基準の緩和を訴えるまでになった。さらに中谷元氏ら制服組出身や石破茂氏など軍事偏重の政治家との接触を通じて、参事官制度の廃止や、運用面からの背広組防衛官僚排除などを強く訴えるようになっていった。

「(制服組自衛官による大臣の補佐は)間接的としか解釈できない」

背広組が防衛庁長官を直接補佐することを可能とし、文官統制の要とされた参事官制度の見直しが公式の場で持ち上がったのは、2004年6月17日夜。石破茂長官、浜田靖一副長官ら防衛庁・自衛隊の幹部らが顔を揃えた長官室で、古庄幸一海上幕僚長が突然、参事官制度の廃止を提案した。

「参事官制度は文民統制の姿ではない」「もはや暴走はない」「部隊運用については、われわれの報告をそのまま長官にみてもらいたい」「内局の許可を得ないと長官室に入れない」。示し合わせていたかのように制服組幹部が次々に〝援護射撃〟。「支障があったという認識はない」「幕僚監部の補佐を妨げるという誤解がないようにする」「(制服組が)長官の前で議論することが、法律で認められていないということはない」。反論する守屋武昌事務次官ら背広組防衛官僚との間で激論となった。

「防衛局長としての発言か、参事官としての発言か。複雑怪奇だ」「法律にない参事官会議で物事が決まる」「参事官制度が所掌にとらわれず機能しているとは思わない」。石破長官は廃止案を支持したが、背広組防衛官僚が巻き返し、首相官邸サイドがストップをかけた。

しかし、その守屋氏が２００７年に汚職事件で立件された。さらに２００８年のイージス艦「あたご」と漁船の衝突事故で、防衛相や首相への情報伝達が遅れるなど、背広組防衛官僚の失態が相次ぎ発生。２００９年に参事官制度は廃止されてしまった。制服組自衛官と、制服組ＯＢや軍事偏重の政治家らはさらに、文官統制の根拠となる設置法12条削除と、部隊運用（作戦）を制服組組織に一元化することを強く要求した。背景には、相次ぐ災害派遣や国連平和維持活動（ＰＫＯ）などを通じて、自衛隊への国民の支持率が高まり、ステータスが向上してきたことがある。制服組の台頭だ。

## 陰に隠して

防衛省は内閣法制局と協議し、同省設置法改正案を作成した。当初、防衛省側は制服組自衛官の主張通り、12条の削除を考えていたが、内閣法制局が削除は認めず、改正という結論に達したようだ。

現行の12条はこう規定している。

12条　官房長および局長は、その所掌事務に関し、次の事項について防衛大臣を補佐するものとする。

1　陸上自衛隊、海上自衛隊、航空自衛隊または統合幕僚監部に関する各般の方針および基本的な実施計画の作成について防衛大臣の行う統合幕僚長、陸上幕僚長、海上幕僚長または航空幕僚長に対する指示

2　陸上自衛隊、海上自衛隊、航空自衛隊または統合幕僚監部に関する事項に関して幕僚長の作成した方針および基本的な実施計画について防衛大臣の行う承認

3　陸上自衛隊、海上自衛隊、航空自衛隊または統合幕僚監部に関し防衛大臣の行う一般的監督

12条の改正案は以下。

12条　官房長および局長並びに防衛装備庁長官は、統合幕僚長、陸上幕僚長、海上幕僚長および航空幕僚長が行う自衛隊法第9条第2項の規定による隊務に関する補佐

と相まって、第3条の任務の達成のため、防衛省の所掌事務が法令に従い、かつ、適切に遂行されるよう、その所掌事務に関し防衛大臣を補佐するものとする。

防衛問題に詳しい法律専門家でなければ、一読して制度がどう変わるのか理解することは困難だろう。一見しただけでは、「防衛装備庁新設に伴う整理と、設置法と自衛隊法との整合性を図るため」との防衛省の説明に納得してしまうような改正案になっている。さらに防衛省は設置法8条「内部部局の所掌事務」の6号の後に7号として「前各号に掲げるもののほか、防衛省の所掌事務に関する各部局および機関の施策の統一を図るために必要となる総合調整に関すること」を追加。内部部局の機能低下につながるとの批判に「総合調整機能を加えたので、内部部局の機能は低下しない」などと説明している。

防衛省が作成した自民党、公明党への法案説明資料でも、「運用一元化」「防衛装備庁設置」「所掌事務に国際協力を追加」「内部部局の総合調整機能明記」に続いて、一番最後に簡単に「防衛省・自衛隊における大臣補佐機能の明確化」として簡単に記述してあるだけ。さらに公明党への1回目の説明では12条に関する部分を省略。報道があった後、公明党が反発し、改正案の閣議決定が1週間先延ばしになった。

「一元化の陰に隠して、議論にならないようにさらっと12条も改正するつもりだ」。冒頭に紹介した局長級幹部の発言の通りだった。

## 反応

記事は〔2015年〕2月22日の朝刊に掲載され、さまざまな反応があった。制服組自衛官の中では「やっと内部部局と対等な関係になる」と歓迎する声が圧倒的だったが、「歴史の教訓を忘れずに自制しないといけない」と慎重な発言をする自衛官も少なくなかった。一方の背広組。「内部部局の部員（課長補佐）以上で半数超が改正案に反対。特に若手に多い」と別の局長級の幹部が苦渋の表情を浮かべながら話すように、省内で深刻な問題となっている。

識者の声も対照的だ。元陸上自衛隊北部方面総監（陸将）で、帝京大教授の志方俊之氏は「自衛隊をなぜ使うのかを考えるのは政治の仕事だが、どのように部隊を運用するのかは、制服組がやるべき仕事だ。そうしなければ、現在問題になっているグレーゾーンの事態などに対応できない。制服なら素早い、正確な対応が可能だ。今回の改正でシビリアンコントロール（文民統制）が侵されたわけではない。あくまでも政治の決断が先にある。文官は法制の部分に専念するべきだ」と制服組の考えを代弁した。

『文民統制――自衛隊はどこへ行くのか』の著書もある山口大教授の纐纈《こうけつ》厚氏は「政府の十分な説明もなく、国民的議論もないままに文官統制を実質無にする案に呆然とする。大胆な恐るべき改悪だ。このまま法律が変われば、文官は軍事的分野に立ち入れなくなり、制服組優位が実質化してしまう。防衛強化の流れの中で非常に不安が大きい。戦前、軍事専門家である軍人にすべてを委ね、国民が知らないうちに決定がなされ、戦争に突入してしまった。その反省からつくられた文官統制を反故《ほご》にするのは、歴史の教訓の全否定につながると考える」と厳しく批判した。

## 大臣会見

記事が朝刊に掲載された6日後、防衛省の記者会見室で中谷元防衛大臣の閣議後記者会見が行われた。その時の記者と大臣のやりとりの一部を紹介する。

記者　聞いているのは「文官統制」の規定が、軍部が暴走した戦前の反省からつくられたものだというふうに考えるかどうかということを伺いたい。
大臣　これができたのは昭和29年ですか、自衛隊できたのは。私は、その後生まれましたので、今までそういう見地でみておりますけれども、現行の12条の趣旨は、政策的見地と軍事的見地からの補佐の調整・吻合《ふんごう》、これを行うものだというふうに理解をしております。
記者　もう一度伺う。いわゆる「文官統制」規定、参事官制度とか、12条とか、内局の運用課が運用に関わるとかそういった規定、いわゆる「文官統制」規定というのは戦前の軍部が暴走した反省から防衛庁設置法ができた時に、先人の政治家たちがつくったと考えられるかどうかという点を伺いたい。
大臣　そういうふうに私は思いません。
記者　戦前の反省からできた「文官統制」規定だというふうに思わないわけですね。
大臣　政府としては、そのような文官が自衛官をコントロールするという「文官統制」をした考え方はしておりませんし、それは本当の意味でのシビリアンコントロールではないと私は思います。

記者　「文官統制」は戦前の軍部が暴走してしまった反省からつくられたかどうかということを伺っているのです。

大臣　そもそも自衛隊というのは、旧軍と違う組織としてできました。「文民統制」というのは、文官が統制するといったことを政府として言ったこともありませんし、国会においても、文官が自衛隊をコントロールするというような主旨を述べたというのは、私はまだ接しておりません。

この会見の内容を聞いた内部部局の高級幹部は「知的レベルが低すぎる。近現代史の知識さえない」と言って頭を抱え込んでしまった。民主党の枝野幸男幹事長は、記者会見の翌日「にわかに信じがたい。閣僚以前の問題だ。現在も生きている仕組みについて基本的素養を持っているのは当たり前だ」と批判。衆院予算委員会でも民主党の辻元清美氏や小川淳也氏が追及した。

政府・防衛省の見解が混乱する中、中谷元防衛相は3月6日の衆院予算委員会で、文民統制に関する政府統一見解を示した。「文民統制とは、民主主義国家における軍事に対する政治の優先を意味するものだ」と説明したうえで、文官の役割を「防衛相の補佐」と強調した。中谷氏は「わが国は国会における統制、国家安全保障会議（ＮＳＣ）を含む内閣による統制とともに、防衛省における統制がある」と指摘。そのうえで「防衛省における統制は、文民である防衛相が自衛隊を管理・運営し、統制することだ」と表明。「防衛副大臣、防衛政務官などの政治任用者のほか、文官による補佐も防衛相による文民統制を助けるものとして重要な役割を果たしている」とした。同時に「文民統制における文官の役割は、防衛相を補佐することであり、文官が部隊に対し指揮、命令をするという関係にはない」と述べた。

文官の役割を「防衛相の補佐」にとどめ、事実上「文官統制」制度を否定する内容だ。しかし、これは過去の首相らが示した見解と明らかに矛盾する。

１９７０年４月、佐藤栄作首相は衆院本会議で「自衛隊のシビリアンコントロールは、国会の統制、内閣の統制、防衛庁内部の文官統制、国防会議の統制による４つの面から構成され制度として確立されている」と発言。竹下登蔵相も１９８５年１月の衆院大蔵委員会で「防衛庁そのものの中でいわゆるシビルの方、内局の方がコントロールしていかれる」と発言しているのだ。

## 歴史の教訓

政府は〔2015年〕3月6日、防衛省設置法改正案を閣議決定した。防衛省内では、防衛大出身の中谷大臣について「文官が補佐せず、防衛大ラグビー部の先輩の〔河野克俊〕統合幕僚長から直接決裁を求められたら、大臣は断れるのか」というブラックジョークまで広まっている。「閣議決定されてしまった以上、国会の審議に期待するしかない」。背広組防衛官僚の間では、野党の抵抗を求める声さえ上がっている。

元防衛事務次官で、退任後に防衛大校長を務めた夏目晴雄氏は、かつての取材にこう話してくれた。

「軍隊は限りなく自己増殖する恐れがある存在。抑制する力が常に働いていなければならない。そういう意味で、旧軍が独走した反省からつくったのが文民統制だ。

ここ10年ほど、制服組の動きがおかしいな、台頭が著しいなと思ってきたが、それを象徴するように、田母神俊雄前航空幕僚長の論文が問題になった。背景には、日米同盟がいっそう緊密化して自衛隊のステータスが高まり、海外活動や災害派遣で国民から支持されるようになってきたことで、制服組が思い上がりとも思える自信過剰になってきたことがある。

自衛隊の実任務が増え、政治家が専門知識のある制服組を重用。単純、明快で耳に入りやすい制服の言葉を重視するようになってきたことも大きい。制服組は『参事官制度は文民統制ではなく、文官統制でけしからん』としているが、文民統制はさまざまなレベルで行われることが必要で、日常的に行うのが、『文官統制』だ」

安倍政権の集団的自衛権行使容認の閣議決定と、それに基づく安全保障法制で、まさに自衛隊が海外での危険な活動に踏み出そうとしている今、自衛隊に限りない自己増殖を許してはならない。張作霖爆殺事件、柳条湖事件、盧溝橋事件……。旧憲法下で「統帥権の独立」を掲げた軍部が中国で暴走した歴史。夏目氏はこうも言っている。

「当初、各省庁の次官経験者などを参事官に任命する制度が考えられたが、抵抗があって実現せず局長などの兼務ということになってしまった。だが、制服組と政治家を密着させない、という機能は十分に果たしてきた。制服を政治に直結させてはならない。最後までは行かないと期待しているが、今、いつか来た道を歩きだしたのではないか、との不安を拭えない」

軍事専門家である軍部にすべてを任せ、国民の知らないうちに戦争へ突入してしまった歴史。第二次世界大戦で日本はアジア・太平洋地域の人々に多大な惨禍をもたらし、日本人だけで310万人の犠牲者を出してしまった。今年は戦後70年。歴史の教訓を踏みにじってはならない。

（初出：『世界』2015年5月号）

---

この報告を公表してから2カ月後の2015年6月、改正防衛省設置法は成立し、「文官統制」制度は全廃され、背広組防衛官僚と制服組自衛官は対等な関係となった。

その後、制服組はさらに力関係を逆転しようと画策を続けた。集団的自衛権行使容認を含む安全保障法制を初めて全面的に反映させた自衛隊最高レベルの作戦計画策定にあたり、制服組中心の統合幕僚監部が背広組中心の内部部局に権限の大幅移譲を要求。背広組は拒否し、激しく対立したが、2016年3月に権限の一部を統合幕僚監部に移譲することを認めた。

こうした流れは、現在進行形で協議が続く「台湾有事」を想定した日米共同作戦計画策定にも通じる。「運用（作戦）は軍事専門家の制服組に任せて、背広組は口出しするな」という一貫した流れだ。集団的自衛権行使容認で台湾有事に巻き込まれる危険性が一挙に増大した現在こそ、制服組の独走を許してはならない。それは歴史の教訓のはずだ。

第2章

# 国防軍化する自衛隊

## 事実上の空母保有へ、無視される憲法の制約（2019年2月）

「憲法の制約もある。いくら安倍政権でも、空母までは防衛大綱、中期防に盛り込めないだろう」

新しい防衛計画の大綱（防衛大綱）と中期防衛力整備計画（中期防）決定の約1年前の2017年12月25日、共同通信はいち早く、次のような記事を配信した。

「防衛省が将来的に海上自衛隊のヘリコプター搭載型護衛艦で運用することも視野に、短距離で離陸できるF35B戦闘機の導入を本格的に検討していることが政府関係者への取材で分かった。来年後半に見直す『防衛計画の大綱』に盛り込むことも想定している」

しかしこの時点で、記事に対する防衛省・自衛隊幹部の反応は冒頭に掲げた発言に代表される否定的なものが大半だった。だが、こうした予想に反して、安倍政権は官邸の国家安全保障局（NSS）、自民党国防族議員を牽引車として、「もはやタブーなどない」と言わんばかりに強引に推し進めていった。

## 憲法が禁じる兵器

旧大日本帝国海軍は、当時、世界で初めて新造空母（既存の軍艦を転用した改造空母ではない空母）を建造し、戦時中は一時期、多数の空母を保有していた。その遺伝子を継ぐ海上自衛隊は、発足直後から、空母保有を熱望していた。〝世界の第一級海軍〟になるためには空母が必要との考えだ。１９８０年代には、護衛艦に垂直離着陸機ハリアーを搭載する構想が本格的に検討されたこともあった。

しかし、そうした構想はいずれも憲法9条が制約となり、実現しなかった。

「攻撃型空母、長距離戦略爆撃機、大陸間弾道弾（ＩＣＢＭ）などの相手国に壊滅的な打撃を与えるような『攻撃的兵器』は、自衛のための必要最小限度の範囲を超えるため憲法上保有できない」というのが、従来の政府見解だった。専守防衛から逸脱する兵器の保有は許されないということだ。

一方、航空自衛隊は別の理由から短距離離陸・垂直着陸できるＦ35Ｂ戦闘機の導入を要求していた。尖閣諸島を含む南西諸島には那覇、下地島、太平洋には硫黄島しか戦闘機が余裕を持って離着陸できる空港がなく、太平洋、東シナ海の島嶼防衛のためにはＦ35Ｂが必要不可欠という主張だった。

いわば海上自衛隊と航空自衛隊の同床異夢。だが両者とも新防衛大綱、中期防にすんなりと盛り込まれるとは考えていなかった。

安倍晋三首相は２０１８年8月29日、「安全保障と防衛力に関する懇談会」で、中国を念頭に「わが国の安保環境は、格段に速いスピードで厳しさと不確実性を増している」と説明。「陸海空という従来の区分にとらわれた発想ではわが国を守り抜くことはできない」と訴えた。

この時点で、初の米朝首脳会談の開催など、北朝鮮をめぐる情勢は大きく変動しており、安倍首相の言葉「不確実性」は明らかに中国の動向を指していた。中国はウクライナから購入して改造した「遼寧」を初の空母として就役させた後、２隻の国産空母を建造中で、将来的には4隻以上の空母運用を目指しているとされる。防衛省・自衛隊でも、東シナ海をはじめ日本近海の海上優勢（制海権）、航空優勢（制空権）を中国に奪われかねないとの危機感が強まっていた。もちろん、「空母は潜水艦の巨大な標的にすぎない。日本は空母保有ではなく、潜水艦増強と対潜水艦戦能力の維持・向上に努めるべきだ」（海上自衛隊将官）とする反対意見も多かったのだが――。

安倍政権は、憲法9条の制約を意識して慎重姿勢の公明党に配慮。当初の「多用途防衛型空母」を「空母」はまずいとして「多用途運用母艦」という訳の分からない名称に変更。最終的には「多用途運用護衛艦」と言い換えてまで突き進んだ。さらに「空母」ではないと言い張るために、Ｆ35Ｂ戦闘機は常時搭載しないとし、搭載するのは「有事における航空攻撃への対処、警戒監視、訓練、災害対処等」と中期防に書き込んだ。しかしこの表現はきわめて曖昧で、いくらでも言い訳ができるものだ。最後に「等」と付け加えていることに注目していただきたい。

いくら、名称を「多用途運用護衛艦」として従来の「護衛艦」の延長だと主張し、Ｆ35Ｂ戦闘機は常時搭載しないといっても、国際的には明らかに「航空母艦」そのもの。海外の軍事専門家からみれば、日本政府の説明など噴飯ものだ。

さらに言えば、空母には「攻撃型」も「防衛型」もない。空母は攻撃にも防衛にも使える兵器だというのは、軍事的常識だ。ヘリコプター搭載型護衛艦(国際的にはヘリコプター空母)の「いずも」「かが」の2隻を空母化すれば、相手国に壊滅的打撃を与えることも可能だ。「多用途運用護衛艦」が、憲法が禁じる「自衛のための必要最小限度の範囲を超える兵器」すなわち「攻撃型空母」であることは疑いようがない。

安全保障関連法に関連する問題も大きい。岩屋毅防衛相は新防衛大綱、中期防を決定した2018年12月18日の閣議後の記者会見で、「米軍の航空機が『いずも』から離発着することはありうる」と明言し、具体例として緊急時、日米共同訓練時、日本有事を挙げた。

しかし、米軍機の離発着はそれだけにはとどまらない。

２０１５年9月19日に成立した安全保障関連法では自衛隊の米軍に対する支援活動が大幅に拡大された。そのまま放置すればわが国に対する直接の武力攻撃に至る恐れのある「重要影響事態」、そして、国際社会の平和と安全を脅かす「国際平和共同対処事態」の際に、米軍などへの武器の提供はできないが、「弾薬の提供」「戦闘作戦行動のために発進準備中の航空機に対する給油と整備」が認められた。

つまり、米軍が戦争中、空母「いずも」、空母「かが」の艦上で自衛隊員から給油、整備を受けた米軍戦闘機、攻撃機がそのまま相手国を空爆するケースも考えられる。相手国からみれば、米軍と自衛隊は一体となって武力行使をしていることになってしまう。自衛隊にとって、米国の戦争に自動的に巻き込まれる危険性がきわめて高い活動となる。

集団的自衛権の行使容認で、専守防衛を反故にしてしまった安倍政権は、実体もそれに合わせようとして、次々にこれまでのタブーを破りつつある。「いずも」型護衛艦の空母化、F35B戦闘機の導入だけでなく、敵基地攻撃能力がある装備の導入、同盟拡大での包囲網構築、日米共同作戦計画の策定――。事実上の〝仮想敵国〟である中国と戦争可能な「軍」に自衛隊を変身させようとしているのだ。

## 不毛な軍拡競争

「全部、わが国に対抗するための兵器じゃないか」

公表された新防衛大綱、中期防を読み込んだ中国人民解放軍の将官級幹部が声を上げた。防衛省幹部の一人も「政治的には日中関係改善の兆しがある中、誰も口には出せないが、新防衛大綱、中期防の主眼は対中国」とはっきりと認める。確かに注意深く新防衛大綱、中期防を読み解くと、新しく導入するとされるもののほとんどが、対中国の装備であることが分かる。

「(専守防衛は)防衛戦略として考えればたいへん厳しい。相手の第一撃を甘受し、国土が戦場になりかねないものだ。先に攻撃したほうが圧倒的に有利だ」

安倍晋三首相は2018年2月14日、衆院予算委員会で、防衛政策の基本方針である専守防衛は堅持するとしつつ、こう明言した。新防衛大綱、中期防に導入が明記された長距離巡航ミサイルについて、野党から「敵基地攻撃能力につながり、専守防衛を逸脱する」との批判が出ており、導入に理解を求める文脈での発言だった。

長距離巡航ミサイルは戦闘機搭載型。射程は900キロと500キロで、政府は導入目的について中国軍を念頭に「イージス艦の防護」や「敵の水上部隊や上陸部隊に対処」と説明するが、配備すれば日本周辺から、相手国の基地を攻撃できるようになる。

政府は「敵基地攻撃能力は日米の役割分担の中で米国に依存しており、見直すことは考えていない」としている。確かに本格的な敵基地攻撃には攻撃目標の情報、電子戦能力などが必要だが、現在の自衛隊はそれらを基本的に欠いている。しかし、最新鋭戦闘機に加え、空中警戒管制機（AWACS）、空中給油機、精密誘導爆弾（JDAM）など現在でも航空自衛隊は一定程度の敵基地攻撃能力を保持している。

長距離巡航ミサイル導入で、その敵基地攻撃能力が大幅に向上するのは、間違いない。だが、政府はあくまでも「敵基地攻撃能力には該当しない」として、新防衛大綱、中期防へ「敵基地攻撃能力を保持」と明記することを避けた。

さらに新防衛大綱、中期防には政府・防衛省が計画していた地上配備型ミサイル迎撃システム「イージス・アショア」が盛り込まれた。現在の弾道ミサイル防衛は、イージス艦搭載の海上配備型迎撃ミサイル（SM3）が大気圏外で迎撃し、打ち損じた場合に航空自衛隊の地対空誘導弾パトリオット（PAC3）が対処するシステムだ。「これを補完する必要がある」として、政府は北朝鮮情勢を利用する形で２０１７年12月、イージス・アショア２基の導入を決定。配備先は秋田県と山口県の陸上自衛隊演習場とした。

だが、緊迫した北朝鮮情勢は２０１８年に入り一転した。２月の平昌冬季五輪では韓国、北朝鮮が「統一旗」を掲げて行進。４、５月に北朝鮮の金正恩朝鮮労働党委員長と韓国の文在寅大統領が会談し、６月12日には米朝首脳会談も実現した。日本を取り巻く安全保障環境の劇的な変化だ。

しかし、政府は北朝鮮の核、ミサイルについて「(日本は)警戒を緩めているわけではない」「(ミサイルや核の)具体的な廃棄の動きもない」(小野寺五典前防衛相)と主張して、押し切った。北朝鮮情勢が緩和しても政府・防衛省がイージス・アショアの導入を強引に推し進めた理由は、もともと導入理由が北朝鮮ではなく、中国の脅威に対抗するための装備だからなのだ。小野寺前防衛相は２０１８年1月、ハワイ・カウアイ島にあるイージス・アショアの実験施設を視察した際、「巡航ミサイルやさまざまなミサイル防衛に総合的に役立つインフラに今後発展させたい」と本音を漏らしている。

これは、長距離の巡航ミサイルを多数保有する中国を念頭に置いている発言だ。自衛隊高級幹部は「イージス・アショアのねらいが北朝鮮というのは隠れ蓑で、本当は中国だというのは、防衛省・自衛隊の共通認識だ」と言い切る。

新防衛大綱はまた、「宇宙・サイバー・電磁波といった新たな領域への対処が死活的に重要」として優先強化するとした。これも中国が主眼であることは、新防衛大綱に明記されている。

「中国は、軍事力の質・量を広範かつ急速に強化している。サイバー領域や電磁波領域の能力を急速に発展させるとともに、宇宙領域の能力強化も継続している。国際秩序とは相容れない独自の主張に基づき、力を背景とした一方的な現状変更を試みている。太平洋への進出は近年高い頻度で行われている。わが国を含む地域と国際社会の安全保障上の強い懸念となっており、今後も強い関心を持って注視していく必要がある」

この表現に対し、中国外務省の華春瑩《ホアチュンイン》副報道局長は「いわゆる中国脅威論を煽っている」として「強烈な不満と反対」を表明し、日本側に「厳正な申し入れをした」と明らかにした。

華氏はさらに、日本が「中国の正常な国防建設と軍事活動をとやかく言い、事実に基づかない批判をしている」と指摘。第二次世界大戦の歴史があることから「日本の軍事分野の動向はアジアの隣国と国際社会から注視されている。専守防衛の政策を守り、平和発展の道を歩み、軍事分野で慎重に行動するよう求める」と注文をつけたのだ。

日中両国の安全保障分野での相互不信が、不毛な軍拡競争を激化させている。

## 中国包囲網

海上自衛隊は２０１８年9月17日、潜水艦「くろしお」がヘリコプター搭載型護衛艦「かが」など3隻と南シナ海で対潜水艦戦の訓練を実施したと発表した。潜水艦の行動は「秘中の秘」とされ、ハワイへの長期派遣訓練など一部を除いて公表しておらず、きわめて異例の広報だった。南シナ海の軍事拠点化を進める中国を牽制するねらいがあるのは明らかだった。

安倍晋三首相は、訓練の実施に関して「練度の向上を図っているもので、特定の国を想定したものではない」と述べたが、中国外務省は「地域の平和安定を損なうべきではない」と反発、慎重な行動を取るよう求めた。

中国は南シナ海のほぼ全域に歴史的権利があるとして、独自の境界線「九段線」を引く。国連海洋法条約に基づく仲裁裁判所は２０１６年7月、こうした主張を否定したが、中国は人工島を造成し、滑走路、戦闘機やミサイルの格納施設、レーダー施設を建設するなど、海空軍の遠洋展開を支援する軍事拠点化を強行している。

こうした中国の動きに対し、米国は2015年5月、中国が人工島の「領海」と主張する12カイリ（約22キロ）内に艦艇や軍用機を進入させる方針を表明、同年10月に横須賀基地配備のイージス駆逐艦を航行させて以来、南シナ海で「航行の自由作戦」を続行してきた。

米国は水面下で日本政府に対したびたび、「航行の自由作戦」への参加を打診してきたが、政府はこれを断ってきていた。最大の理由は、参加すれば中国が対抗措置として、尖閣諸島周辺を中心とする東シナ海での活動をさらに活発化させるとの危惧だった。

しかし、安倍政権は中国の海洋進出を念頭に「自由で開かれたインド太平洋」構想をトランプ政権と共有し、さらに「航行の自由」と「法の支配」を掲げて各国と連携を進めている。中国が主張する「領海」の外ではあるが、南シナ海での潜水艦戦訓練と、その異例の公表は、まさに日本独自の「航行の自由作戦」だったのだ。

米軍は2018年5月、ハワイに司令部を置き、在日米軍や在韓米軍を統括する地域統合軍「太平洋軍」の名称を中国軍の海洋進出を意識して「インド太平洋軍」に変更、司令官交代式で前任の司令官で駐韓大使に指名された日系米国人のハリー・ハリス氏は中国について「最大の長期的な難題」と述べ、同盟国とともに関与政策を続ける必要性を訴えた。中国の海洋進出をにらんだ「自由で開かれたインド太平洋」構想。安倍政権はこれを「中国包囲網」に深化させようとしている。

来日したオーストラリアのターンブル首相は２０１８年1月18日、安倍首相と会談し、安保協力を強化することで一致、「自由で開かれたインド太平洋」戦略の推進に向けた連携も確認。自衛隊とオーストラリア軍が相手国内で共同訓練を円滑に実施するため、双方の隊員の法的地位を定める新協定について、交渉の加速と早期妥協を申し合わせた。

ターンブル氏はこれに先立ち、テロ、ゲリラ攻撃対処などを担う陸上自衛隊唯一の特殊部隊「特殊作戦群」の訓練を安倍首相と視察、さらに日本の安全保障政策の司令塔である国家安全保障会議（ＮＳＣ）の特別会合に招待された。どちらもきわめて異例の特別待遇だ。特別待遇の理由は安倍政権がオーストラリアを同盟国の米国に次ぐ「準同盟国」と位置づけているためだ。「自由で開かれたインド太平洋」戦略実現を見据え、同国との関係を対外的に示すねらいもあった。

さらに安倍首相は２０１８年11月16日、オーストラリアでターンブル首相と交代したモリソン首相と初会談し、「自由で開かれたインド太平洋」の実現のため、戦略的パートナーシップを深化させることで一致。両首脳は名指しこそ避けたものの、「東シナ海、南シナ海で緊張を高める一方的な行動に反対」と中国を強く牽制した。

その3日後の11月19日には、海上自衛隊が日向灘で行った日米豪の機雷掃海訓練を公開、この訓練は日米が定期的に行っていたもので、オーストラリア軍が参加するのは初だった。さらに2019年には航空自衛隊とオーストラリア空軍による初の戦闘機訓練を実施することで合意している。まさに「準同盟国」だ。

安倍首相は2018年10月29日、インドのモディ首相と官邸で会談し、共同声明を発表した。声明には次のような内容が含まれていた。

「『自由で開かれたインド太平洋』の実現に向けた協力強化を確認。米国やその他のパートナーと具体的な協力を拡大していく意思を共有。航行の自由を確保し、国際法の原則に基づいた紛争の平和的解決を追求」

明らかに中国の海洋進出を意識した文言だ。インドが日本に接近する背景には、現代版シルクロード経済圏構想「一帯一路」を進める中国の南アジアでの台頭がある。また中国は、中東、アフリカから原油を輸送するシーレーンの拠点港湾を、インドを取り囲むように周辺国に整備する「真珠の首飾り戦略」を展開、インドはこれに警戒感を強めている。インドは日本と防衛協力を強め、中国ににらみを利かせるねらいがある。最近では、「自由で開かれたインド太平洋」戦略とモディ首相の「アクト・イースト（東方へ動く）」政策を連携させ、外交、安全保障など広い分野での協力を深化させている。

海上共同訓練「マラバール」はもともと、米海軍とインド海軍の共同訓練だったが、2007年からは海上自衛隊も随時参加するようになり、2015年からは定例参加が決定、その後日米印3カ国共催に格上げされた。2017年7月には米原子力空母ニミッツ、インド空母ビクラマディティヤ、〝ヘリ空母〟いずもの「空母級」艦艇が揃う過去最大級のマラバールが行われている。米国はさらにオーストラリアにも参加するよう強く要求している。

さかのぼれば、安倍首相は2012年、「インド洋から西太平洋に広がるダイヤモンド状の海域を守る戦略」に言及している。ハワイを起点に日印豪を直線で結んだ海域を念頭に置いており、4カ国での対中戦略を指す。その後の動きをみると、安倍首相の戦略は日米豪印の「四国同盟」、すなわち中国包囲網として現実化しつつある。

さらに南シナ海の南沙（英語名スプラトリー、ベトナム名チュオンサ）、西沙（英語名パラセル、ベトナム名ホアンサ）両諸島の領有権問題をめぐり中国と対立を激化させているベトナムや、ヨーロッパの主要国で太平洋に海外領土を持つフランス、歴史的に関わりが深い英国とも関係強化を図ろうとしている。

2017年4月29日、英海兵隊が同乗するフランス海軍の強襲揚陸艦が海上自衛隊佐世保基地に入港。5月3日から22日まで、海洋進出を進める中国を念頭に連携強化を図るため、日米英仏4カ国の枠組みで初となる共同訓練を日本近海やグアムなどで行っている。

## 対中の共同作戦計画

2018年11月4日、共同通信は「日米両政府が2015年改定の日米防衛協力指針(ガイドライン)に基づき、自衛隊と米軍による初の対中国共同作戦計画の策定作業を進めていることが3日、分かった」との記事を加盟新聞各社などに配信した。

共同作戦計画は特定のシナリオのもとで、自衛隊や米軍の部隊運用、連携内容を想定した計画。作戦計画には米軍による数字のコードネームが付与され、アジア地域は5000番台となっている。2015年に改定されたガイドラインでは「自衛隊および米軍は、日本への陸上攻撃に対処するため、陸、海、空または水陸両用部隊を用いて、共同作戦を実施する」と明記された。

政府関係者によると、日米共同作戦計画は尖閣諸島での有事を想定し、改定ガイドラインで新設された「共同計画策定メカニズム」（BPM）が2019年3月までの取りまとめを目指す。自衛隊が米軍を守る「武器等防護」など、2016年3月に施行した安全保障関連法の新任務も盛り込む。まさに、軍拡を続ける中国に対抗し、日米が戦争の本格的な準備として、共同作戦計画まで策定しようとしているのだ。

共同作戦計画の策定を急いだ日本のねらいは、尖閣諸島問題への関与に消極的な米国を引き込むことにある。日米は米国の対日防衛義務を定めた日米安保条約第5条の尖閣諸島への適用を確認している。ただ、米国は他国の領有権問題への関与には慎重で、5条適用は尖閣諸島が日本の施政下にある場合としている。

改定ガイドラインでも、米軍は島嶼部を含む日本への武力攻撃発生時、自衛隊の支援・補完の役割にとどまる。このため、日本は早期に中国との軍事衝突の対処方法を米国と策定する必要があったのだ。

作戦計画では、中国の武装漁民が尖閣諸島に上陸し、海上保安庁や沖縄県警、警視庁などの警察力では対応できなくなったために、「海上警備行動」や「治安出動」発令で自衛隊が出動。その後、中国軍が派遣されたため自衛隊に「防衛出動」が発令されるなどの想定で、こうした状況下で米軍がどう関わるのか具体的にまとめられる。

対中戦争へ備える動きは、日米共同作戦計画策定にとどまらない。最前線を担う海上自衛隊は、哨戒機や護衛艦による東シナ海周辺の警戒監視を強化。航空自衛隊は対領空侵犯措置に当たる那覇基地の戦闘機部隊を大幅に増強して、南西航空混成団を南西航空方面隊に格上げした。

陸上自衛隊も急速に体制整備を進めている。2018年3月には、「日本版海兵隊」と言われる「水陸機動団」が約2100人態勢で長崎県佐世保市の相浦駐屯地に発足した。離島防衛の専門部隊で、本格的な水陸両用部隊。南西諸島の防衛力強化がねらいだ。将来的には、沖縄県にも部隊を配備し、3000人態勢にする構想もある。

さらには、南西諸島への陸上自衛隊の大規模部隊配備だ。すでに2016年3月には日本最西端の国境の島、与那国島に沿岸監視隊を立ち上げた。今後、鹿児島県の奄美大島、沖縄県の宮古島と石垣島には警備部隊や地対艦ミサイル部隊、地対空ミサイル部隊を配備する計画が進んでいる。また、中国艦艇が沖縄本島－宮古島間を頻繁に通過する現状を踏まえ、新たな地対艦ミサイル部隊を沖縄本島に配備する方向で検討している。

中国軍は海洋戦力やミサイル戦力などを増強して、米海軍艦艇（特に空母打撃群）の接近を阻む「接近阻止・領域拒否（Ａ２ＡＤ）」戦略を策定していると言われているが、南西諸島での陸上自衛隊の部隊の大幅増強は逆に中国に対する「日本版Ａ２ＡＤ」と言えるものだ。

## 実質的な「国防軍」へ

安倍晋三首相は２０１２年12月に第２次政権を発足させて以降、「戦争ができる日本」「戦争ができる自衛隊」にするため、さまざまな施策を強行してきた。

２０１３年11月に、戦時中の最高戦争指導会議と同様の機能を持つ国家安全保障会議（日本版ＮＳＣ）創設関連法を成立させた。翌12月には、第二次世界大戦敗戦後に廃止された国防保安法、軍機保護法の再現とも言える特定秘密保護法を成立させた。

また、平和国家日本の誇りでもあった武器輸出３原則を反故にし、武器輸出促進のための防衛装備移転３原則を２０１４年４月に閣議決定した。極めつけは、２０１５年９月、集団的自衛権行使容認を含む安全保障関連法を成立させ、国是とも言える専守防衛を実質的に踏みにじったことだ。

さらには、本稿で述べてきたさまざまな動きだ。憲法9条が禁じる、自衛のための必要最小限度の範囲を超える「攻撃型空母」の保有となる「いずも」型護衛艦の空母化と、F35B戦闘機の獲得。敵基地攻撃能力補強となる長距離巡航ミサイル保持など中国との不毛な軍拡競争。「中国包囲網」とも言える日米豪印の「四国同盟」構築への動き。尖閣諸島での対中戦争を想定した自衛隊と米軍による日米共同作戦計画の策定作業――。

安倍晋三首相は、現行の憲法9条の1項と2項を残し、新たに自衛隊保持の項目を第3項として追加する改憲を目指している。だが現実は、憲法改正を先取りするように自衛隊は徐々に、中国と戦争可能な普通の「軍」になりつつある。もはや、2012年に発表された自民党憲法改正草案の「国防軍」に近づきつつあると言えるのかもしれない。

（初出：『世界』2019年3月号）

---

政府は日本の防衛の基本政策として、次の4項目を掲げてきた。

①専守防衛

②軍事大国にならないこと
③非核三原則
④文民統制の確保

安倍晋三政権が集団的自衛権行使容認を含む安全保障法制を成立させ、風前の灯火だった「専守防衛」は、岸田文雄政権が安全保障関連3文書で敵基地攻撃能力保有を決定し、完全に有名無実化した。

集団的自衛権行使と敵基地攻撃能力使用が同時に成立することは政府も認めている。台湾有事が発生し、日本政府が米国の要求で集団的自衛権を行使する場合、日本は攻撃されていないにもかかわらず敵基地攻撃能力を使用して中国を攻撃することになるのだ。

岸田政権が策定した安保関連3文書には、GDP比2％に防衛費を大幅増額する大軍拡も含まれた。国際水準から言えば、どう見ても「軍事大国」だ。残っているのは2項目だけだ。安倍元首相は「核共有」政策の議論を提起したが、政府はそれを検討する考えを否定している。文民統制については前述した通りだ。

第3章

# 歯止めなき海外派遣

## 自衛隊、中東“火薬庫”へ（2020年2月）

米国と友好国イランの板挟みになった安倍政権は、国会での議論もないまま自衛隊の独自派遣を決定。歯止めのない海外派遣へと危険な一歩を踏み出してしまった。

「海上自衛隊を防衛省設置法の『調査・研究』を根拠に中東に派遣するなんてありえない」

防衛省の背広組幹部はこう言い切った。２０１９年6月13日にホルムズ海峡付近で発生した日本の海運会社運航のタンカーを含む2隻への攻撃に、イラン犯行説を主張する米トランプ政権内で急速に熱が高まりつつあった「有志連合構想」について、コメントを求めたことへの応答だ。

## 米、イランの板挟み

攻撃は、安倍晋三首相が伝統的な友好国イランの最高指導者ハメネイ師と初会談した、まさにその日だった。同盟国米国はイランによる攻撃と激しく非難、一方イランは真っ向からこれを否定して対立が激化、日本政府は板挟みになってしまった。

政府は「自衛隊派遣を検討している」と繰り返したが、本格的に検討した形跡はない。6月13日の攻撃以降、ホルムズ海峡周辺で日本関係船舶への攻撃は1件も発生しておらず、それらを護衛するために自衛隊を中東へ派遣しなければならない状況にはなかった。

米国は攻撃を奇貨として、有志連合を結成し国際社会でイラン包囲網構築をもくろむが、日本がこれに参加してしまえば、長年にわたって築き上げてきたイランとの友好関係が断絶してしまう、との危機感が政府内には強くあった。

冒頭の背広組幹部の発言について、制服組幹部は「米、イランの板挟み。日本関係船舶の護衛が必要な状況ではない。万が一派遣が必要な状況になっても、また調査・研究名目なんて言えない」と解説。「このまま『検討している』と言いつづけているうちに、有志連合への参加国が少数にとどまり、トランプ政権内でも熱が冷めて構想自体がうやむやになるのを待つ考えだ」と続けた。

## 米の核合意離脱が発端

国際社会が米国の主張に距離を置くのも、日本政府が米国主導の有志連合に消極的なのも、もともとイラン周辺を不安定にした原因が米国の一方的な核合意離脱にあることが明白だからだ。

秘密裏の核開発計画が発覚したイランと、米を中心とする英・仏・独・中・ロの6カ国は２０１５年7月、核開発に関する合意を締結。内容はイランが核開発を制限する見返りに欧米が制裁を解除することが柱だった。ところが、オバマ政権時代の政策を全面的に否定するトランプ大統領は２０１８年5月、合意内容にミサイル開発の制限が含まれていないなどとして、一方的に離脱を表明した。

8月に自動車部門などを対象とした制裁を発動し、11月には金融部門やイラン産原油の一部禁輸に拡大。２０１９年5月2日にはイラン産原油の全面禁輸に踏み切った。

その後は、国際社会の努力にもかかわらず緊張激化の一途をたどることになる。原油の禁輸から10日後の5月12日、オマーン湾で石油タンカーなど4隻が攻撃され、米国国防総省が攻撃はイラン指導部の指示と断定し、トランプ大統領が中東地域に米軍増派を表明。そして、6月13日の日本の海運会社運航のタンカーを含む2隻への攻撃となった。

さらに6月20日にはイラン革命防衛隊が米国の無人偵察機を撃墜。この際、トランプ大統領は報復攻撃を直前になって思いとどまったとされる。7月19日、イランがホルムズ海峡で英国船籍タンカーを拿捕。9月14日のサウジアラビアの石油施設2カ所への攻撃――と続く。この攻撃をめぐっても、米政府はイランの仕業との見方で、全面否認するイランとの対立をさらに深めた。

一方、イランは米国の核合意離脱後、欧州の支援策を引き出すため、合意の制限を段階的に破る対抗措置を実行。ウラン濃縮度の上限超過、中部の地下施設での濃縮再開など2019年11月までに4段階の措置を実行、合意の骨抜きが進んだ。

## 国会の文民統制無視

2019年7月9日、米軍制服組トップのダンフォード統合参謀本部議長は「民間船舶の安全を確保するため」との名目で同盟国の軍と有志連合を結成する考えを示した。実情は、対イランの主要な経済制裁をすでに出し尽くし、さらなる圧力強化に向けた攻め手を欠く中での苦肉の策でもあった。

米政府は数度にわたって日本を含む関係国に有志連合構想について説明し、参加を呼びかけた。逆にイランは日本や英独仏などに「ペルシャ湾の緊張緩和につながらない。イランは歓迎しない」と有志連合に参加しないよう促した。

核合意から離脱して緊張を招いた米国への不信感もあり、日本を含む各国には慎重姿勢が目立ち、トランプ大統領は「日本や中国など非常に裕福な国のために、米国はなぜ何も受け取らないのに警備しているのか」と苛立ちを隠さなかったほどだ。その後も米政府から有志連合への参加を執拗に迫られ、安倍晋三首相は結局、10月18日に国家安全保障会議（NSC）を開き、「中東情勢の悪化を踏まえて」として自衛隊派遣の方針を固めてしまった。

米国に押し切られた形だが、イランの顔も立てるため、米主導の有志連合には加わらず、日本の独自派遣とした。さらにイランを刺激しないよう、自衛隊の活動範囲から焦点のホルムズ海峡とペルシャ湾を外すなど苦渋の選択だった。

問題は、政府が派遣の根拠を防衛省設置法の「調査・研究」とし、日本関係船舶の防護が必要な状況になれば、自衛隊法の海上警備行動を発令するとしたことだ。まさに弥縫《びほう》策と言えよう。

これまで、実力組織である自衛隊を海外派遣する場合は、憲法9条の制約があり、国会で慎重に議論を重ねてきた。米中枢同時テロ後に成立し、海自支援艦隊がインド洋に派遣される根拠となったテロ対策特別措置法、イラク戦争開始後に成立し、陸上自衛隊と航空自衛隊派遣の根拠となったイラク復興支援特別措置法が代表的事例である。「調査・研究」名目では、国会承認どころか閣議決定も不要で、防衛大臣の命令ひとつで自衛隊部隊を地球の裏側まで派遣することが可能だ。結果的に今回の中東派遣では、国会の関与は皆無だったと言っても過言ではない。政府は戦争への反省からつくられた国会の文民統制（シビリアンコントロール）機能を完全に無視したことになる。

## 「打ち出の小づち」

政府が自衛隊の中東派遣の根拠とした「調査・研究」は、そもそも防衛省設置法の所掌事務の一つとして18番目に規定されている「軽い」規定である。本来、防衛出動、治安出動、海上警備行動など自衛隊の部隊行動は自衛隊法に規定されているのだ。

これまで政府・防衛省はこの調査・研究を使い勝手のよい法的根拠として「打ち出の小づち」のように扱ってきた。２００１年の米中枢同時テロ後、海上自衛隊の艦艇がこれを根拠に、横須賀基地から出港する米空母を実質的に護衛したこともある。

政府の方針に与党公明党内からは異論が噴出。山口那津男代表は11月8日に調査・研究について「軽々しく適用すべきではない。『派遣しないで済む方策を考えろ』と言っている」と述べ、イランと米欧諸国を仲介する外交努力を要求。さらに12月9日には「安易に防衛省設置法を適用するのではなく、これまで特別措置法をつくってきたことも考慮に入れながらルールを検討してほしい」と強調した。

安倍政権はこうした公明党の意見に配慮し、法的には本来必要ない閣議決定を経ることとし、活動を延長したり、終了したりする場合は国会報告を義務づけることで強引に押し切った。しかし、こうした付け焼き刃的な手法では、政府の独断で自衛隊の海外派遣が歯止めなく広がるとの懸念は決して拭えない。

## 火薬庫へ〝軍艦〟

「中東はいまや火薬庫。そこへ軍艦を出すということだ。きわめて危険なのは自明だ」

12月27日の閣議で自衛隊中東派遣が決定されたことを受け、海上自衛隊将官は派遣についてそう率直に解説した。

閣議決定後、状況はさらに悪化の一途をたどった。同日イラク北部のイラク軍基地に攻撃があり、米国人が死傷。米は報復措置としてシーア派武装組織の拠点を空爆した。これに抗議する群衆が12月31日バグダッドの米大使館を襲撃するに至った。

年明け早々の1月3日、米軍はイラン革命防衛隊のソレイマニ司令官をバグダッドで殺害。対抗するイランは強硬姿勢を加速させ、1月5日に核合意逸脱の第5弾として無制限にウラン濃縮を進める方針を表明、1月8日、ミサイルで米に報復攻撃。そして米・イランの軍事的緊張は、その約5時間後に発生したイランによるウクライナ機誤射、撃墜事件という大惨事を招いてしまった。トランプ大統領は軍事的報復をしないと表明し、一見すると小康状態を保っているが、開戦前夜の危機的状況が継続しているのは間違いない。

悪化する中東情勢にもかかわらず、政府は自衛隊派遣の閣議決定は変更しないとしている。しかし、この自衛隊派遣は、現実から乖離しているばかりか、きわめて危険であることが明白だ。たとえ情勢が緊迫して海上警備行動を発令しても、国際法上、護衛艦が実力で護衛できるのは日本籍船だけで、それは日本関係船舶のごく一部にすぎない。昨年6月に攻撃を受けたタンカーは対象外なのだ。また、焦点のホルムズ海峡での警察権行使としての護衛も不可能だ。

さらにイラン周辺地域で武力紛争が拡大してしまえば、周辺海域を民間船舶が航行すること自体が不可能となる。当然、自衛隊の護衛対象もなくなる。

また、いくら日本政府が独自派遣と主張し、イランの「理解」も得ているとしても、防衛省はバーレーンの米中央海軍司令部に連絡幹部を派遣して情報共有するとしている。実質的に有志連合の準メンバーなのだ。自衛隊が収集した情報が米軍の武力行使に使用されれば、「武力行使との一体化」となり、憲法に抵触するうえ、イランが自衛隊を敵対勢力の一員とみなすことになる。

いま、日本政府がすべきことは、情勢が悪化すれば憲法が禁止する武力行使につながる可能性も否定できない自衛隊派遣を中止し、これまで日本が長年をかけて築き上げてきたイランとの友好関係を重視した米・イラン間の仲介外交を積極的に推進することであるのは言うまでもない。

（初出：『世界』２０２０年3月号）

---

米国から執拗に迫られ、押し切られた形で自衛隊を海外の危険な現場へ派遣せざるをえなくなったことは初ではなかった。代表的な事例は9・11米中枢同時テロ後、海上自衛隊を給油活動のためインド洋に戦時派遣、陸上自衛隊と航空自衛隊を復興支援活動のためイラクなどに戦地派遣したことだ。

しかし、憲法9条の強い制約があり、自衛隊が実際の戦争・戦闘に「参戦」することはなかった。これに対して米国は、従来から、湾岸戦争、イラク戦争——と、すべての戦争に「参戦」してくれる英国やオーストラリアのような同盟国に日本も変化してほしいと考えてきた。

これまで日本は憲法9条の制約を理由に「参戦」だけは拒否することができたが、第2次安倍政権が集団的自衛権行使を容認し、安全保障関連法を成立させたことで拒否することができなくなってしまった。

第４章

# 辺野古密約

## 陸上自衛隊の独走と逸脱

（2021 年 3 月）

## 「辺野古に離島部隊」で海兵隊と極秘合意

「辺野古新基地建設に関連して、お耳に入れたいことがあります」

旧知の沖縄タイムス編集委員の阿部岳氏から最初のメールを受け取ったのは、昨年〔2020年〕の5月25日だった。数日後に比較的安全度が高いとされる通信方法で届いた次のメールにはこう記されていた。

「お伝えしたかったのは、防衛省が辺野古新基地に自衛隊駐留を計画しているという話です」

筆者は2017年、同じテーマで数カ月間取材したが、防衛秘密の厚い壁を崩すことができず頓挫していた。阿部編集委員の長文のメールを読み進めていくと、情報としての確度はきわめて高いと判断することができた。記者になって35年経つがこれまでまったく経験がない、同業他社との「合同取材」という言葉が浮かんだ。

1995年9月の米兵による少女暴行事件を受け、日米両政府は1996年、市街地にあり「世界一危険」とされる沖縄県宜野湾市の米軍普天間飛行場を日本に返還することで合意した。日本政府は１９９９年、移設先を同県名護市辺野古と閣議決定し、いまだに「唯一の解決策」としている。２０１７年には護岸工事に着手、18年から土砂投入を始めた。沖縄では「基地のたらい回し」「環境破壊になる」と、きわめて強い反発があり、国との激しい対立が続く。

合同取材で記事が執筆できるところまでたどり着けるのか。そして、その記事で辺野古新基地建設問題に一石を投ずることができるのか。まったく自信が持てないまま、取材を開始した。

## 初の合同取材

共同通信は２０２１年1月24日、沖縄タイムスとの半年以上にわたる合同取材の結果として、計３５０行を超える記事を配信した。記事の見出しを引用する。

辺野古に陸自離島部隊
米海兵隊と極秘合意

## 沖縄、負担増で反発
## 文民統制逸脱か、尖閣念頭

記事の主旨は「陸上自衛隊と米海兵隊が、沖縄県名護市辺野古の米軍キャンプ・シュワブに、陸上自衛隊の離島防衛部隊『水陸機動団』を常駐させることで2015年、極秘に合意していたことが日米両政府関係者の証言で判明した」という内容だ。

つぶれてしまった過去の話ではない。合意自体は辺野古移設をめぐる政府と沖縄県の対立で〝凍結〟されているが、陸上自衛隊は中国との緊張関係が続く沖縄県・尖閣諸島での有事対応を念頭に決して断念したわけではない。いまだに生きつづけている合意である。

水陸機動団には現状、九州に2つの連隊があり、2023年度末には3つめの連隊を九州に置く計画を進めているが、陸上幕僚監部はいずれも暫定配備と位置づけており、将来はいずれかの連隊を辺野古に移転させる構想なのだ。

記事の中で極秘合意について指摘した問題点は、次の2点だ。

周知のようにキャンプ・シュワブは、米軍普天間飛行場の移設先として政府が民意を無視して埋め立てを強行する辺野古新基地と一体運用される。合意通りに日米の共同利用が現実化してしまえば、沖縄の「負担軽減」どころか逆に「負担加重」になってしまう。当然、沖縄県民の猛烈な反発が予想される合意内容だ。

もう一点は、極秘合意は防衛省全体の決定を経ずにされており、文民統制（シビリアンコントロール）を逸脱していたという問題だ。防衛省の内部部局の背広組からは〝陸上自衛隊の独走〟との厳しい批判も聞かれた。

### 極秘合意へ

日米の関係者に阿部記者とともに取材を進めると、極秘合意への経緯が詳細に分かってきた。スタートは、2018年に長崎県佐世保市の相浦駐屯地を拠点に発足した水陸機動団に関し、陸上自衛隊の中枢である陸上幕僚監部が2012年、編成に向けた検討を開始したことまでさかのぼる。

水陸機動団は陸上自衛隊で、尖閣諸島をはじめとする南西諸島の離島防衛を担う中核部隊だ。離島作戦の能力向上に取り組んでいた西部方面普通科連隊を母体として2018年3月に発足した。

現在は、陸上自衛隊の部隊運用を一元的に担う陸上総隊が直轄する。拠点は長崎県の相浦駐屯地にあり、団全体で約2400人態勢だ。輸送機オスプレイや水陸両用車「AAV7」、ボートによる上陸訓練、さらには戦闘機や護衛艦の支援を受ける陸海空の統合作戦の訓練を続けている。上陸作戦を主な任務とする米海兵隊になぞらえ「日本版海兵隊」とも称される精鋭部隊だ。

陸上幕僚監部は検討の中で、水陸機動団は3つの水陸機動連隊（約650人）を基幹として構成し、3つのうち少なくとも1つは尖閣への即応態勢を取るために沖縄本島に配置すると決定した。

陸上幕僚監部の幹部らは2012年からキャンプ・シュワブの現地調査を開始し、米海兵隊幹部からの聞き取りなどを数年間にわたって繰り返した。2013年8月に就任した岩田清文陸上幕僚長は積極的に米海兵隊と交渉、在日米海兵隊のニコルソン司令官と2015年に極秘合意した。

合意後、陸上自衛隊と米海兵隊が調整し、キャンプ・シュワブ内に建設する陸上自衛隊施設の計画図案や給排水計画を作成し、日米の関係先に提示までしていた。

## 民意無視し強行した安倍政権

米軍普天間飛行場の辺野古移設をめぐっては沖縄から繰り返し反対の民意が示されたが、2012年12月発足の第2次安倍政権はこれを無視し、埋め立て工事を強行した。年表を頭に浮かべて対照すると、水陸機動団の辺野古常駐を決めた陸上自衛隊と米海兵隊の2015年の極秘合意へと至る流れと時間的に重なることが分かる。

安倍政権は2013年3月、辺野古沿岸部の埋め立てを沖縄県に申請。当時の仲井眞弘多知事は12月に承認したが、翌年の知事選では反対派の翁長雄志氏に大差で敗北した。翁長氏が就任すると政権との全面対決姿勢が鮮明になった。2015年10月に承認を取り消し、政府との法廷闘争に突入した。

政権は2017年4月、埋め立ての護岸工事に着手。18年8月に沖縄県が埋め立て承認を撤回し、工事は中断した。9月には翁長雄志知事の死去に伴う知事選で反対派の玉城デニー氏が初当選。10月に今度は国土交通大臣が撤回効力を一時停止。12月には、ついに辺野古沿岸部に土砂を投入し、埋め立て工事を本格化させた。土砂投入で反対派の怒りは頂点に達した。

沖縄の民意は明白だった。2019年2月の県民投票では反対派が7割を超えた。さらにその後の衆議院沖縄3区補欠選挙や参院選でも反対派が当選を重ねた。それでも安倍政権は日米同盟の抑止力維持などを理由に「辺野古移設が唯一の解決策」との方針を堅持し、埋め立てを続行した。

水陸機動団の辺野古常駐計画に関わった陸上自衛隊幹部は「それまでの政権ではまったく進展がなかったが、安倍政権になって辺野古新基地が現実的な段階になり、陸上自衛隊と海兵隊の極秘合意につながった」としている。

## 軍事組織の合理性

辺野古に水陸機動団を常駐させることで陸上自衛隊と米海兵隊が合意したのは、ともに軍事組織としての合理性を最優先したからだ。

陸上自衛隊にとって、中国の海洋進出を踏まえると、九州よりはるかに尖閣諸島に近い沖縄本島に水陸機動団を配置することに異論を差し挟む余地はなかった。さらに沖縄本島の中でもキャンプ・シュワブを最適場所としたのは、水陸機動団の移動手段となる輸送機オスプレイの最大限の発着や水陸両用車AAV7の海上自衛隊輸送艦への搭載が可能で、恒常的に離島防衛の水陸両用作戦を米海兵隊と共同で訓練できる環境が整っているからだ。

取材した何人もの陸上自衛隊幹部は、陸海空の輸送手段を駆使し、水陸両用作戦を展開する水陸機動団にとって、キャンプ・シュワブが「最適地だ。キャンプ・シュワブ以上の条件が揃っている場所はない」と断言した。さらに驚くべきことに、海兵隊の国外移転を念頭に「将来、辺野古は実質的に陸上自衛隊の基地になる」との本音を漏らす陸上自衛隊幹部も少数ではなかった。

## 海兵隊には〝渡りに船〟

一方、米海兵隊にとって、陸上自衛隊からの「水陸機動団を辺野古に常駐させたい」との提案は〝渡りに船〟だった。在日米軍の部隊配置見直しの影響で、沖縄から多くの部隊が「出て行く」ことになる米海兵隊だが、沖縄は米国の東アジア戦略の重要拠点だ。航空基地や港湾施設が整い利便性も高く、米海兵隊は日米共同利用を足がかりに存在感を持ちつづけたいとのねらいがあった。

日米両政府は、沖縄の米海兵隊の海外移転を進めることで合意している。現行案では、沖縄に約1万人が残り、計約9000人がグアムやハワイなどに移ることになる。基地の地元負担を軽減するとともに、中国のミサイルの長射程化が進み、直接の脅威がある地域から退きたいとの考えからだ。

米海兵隊内部では、部隊削減に伴い、戦略拠点の沖縄で存在感が低下するとの懸念が台頭。陸上自衛隊との共同利用を活路に、従来通りの基地機能を維持する方針に、かじを切ったとみられる。

別の大きな理由もあった。米海兵隊が陸上自衛隊との〝一体化〟を求めているということだ。自衛隊と米軍の間では、陸上自衛隊と米陸軍がキャンプ座間（神奈川）、海上自衛隊と米海軍が横須賀基地（神奈川）、航空自衛隊と米空軍が横田基地（東京）でそれぞれ部隊を同居させ、緊密な連携を図っている。

ニコルソン氏らから米海兵隊の意図について聞いた元陸上自衛隊幹部は「米海兵隊はカウンターパートとしての常駐を求めている」とし、陸海空軍と同様の一体化を目指すねらいがあると説明する。この元幹部は、海兵隊の本気度は疑いがないとして「陸上自衛隊、米海兵隊とも本気だ。将来的には必ず実現する」と言い切った。

陸上自衛隊と米海兵隊の合意。そこにあるのはそれぞれの軍事組織としての合理性だけで、重い基地負担を強いられつづける沖縄への思いはまったく存在していない。

## 陸自の〝独走〟

「陸上幕僚長は、（文民統制上）危険な人物だと思っていた」

「リスクがあると考えていた。陸上幕僚長の進め方に不信感を持っていたのは事実だ」

「陸上幕僚監長は極端な内部部局嫌いで、陸上幕僚監部と内部部局に意思疎通がなかった」

取材に応じた数多くの防衛官僚たち、防衛省内部部局のいわゆる背広組幹部たちは皆、そう言って当時の陸上幕僚監部、とりわけ陸上自衛隊トップだった岩田清文陸上幕僚長の姿勢を厳しく批判した。幹部と言ってもただの幹部ではなく、局長級以上の高級幹部とされる人たちも複数含んでいる。

前述したように陸上幕僚監部は、２０１２年から水陸機動団の編成に向けた検討をスタートさせた。検討が本格化する中、２０１３年8月に就任した岩田清文陸上幕僚長は、大臣など政務三役、内部部局との協議もなしに、就任直後から積極的に米海兵隊側と交渉を開始した。

在日米海兵隊司令官（在沖縄米海兵隊司令官、在沖縄米軍トップの四軍調整官を兼務）だったウィスラー氏は当初、反対姿勢だったが、本国の上級司令部である太平洋（現インド太平洋）海兵隊司令部、海兵司令部、国防総省と協議後に賛成に転じた。その後、ニコルソン氏ら歴代司令官は積極的になった。米側は正式なルートで報告して協議し、賛成へ政策転換したのだ。陸上自衛隊側は現在に至るまで米海兵隊側に合意の撤回を通告していない。まだ合意は生きているのだ。

一方の日本側は前掲した内部部局幹部らの証言通りだ。岩田清文氏は内部部局嫌いで対立を繰り返し、内部部局との意思疎通ができない状態が続いていた。また、中谷元・防衛大臣は防衛大学校、陸上自衛隊を通じての後輩。「大臣は先輩である陸上幕僚長の〝独走〟を止められなかった」と証言する内部部局幹部もいる。

政治家として文民統制を果たすべき大臣ら政務三役も、防衛省内での「文官統制」を果たすべき役割の内部部局の背広組防衛官僚たちも知ってか知らずか、まったく本来の機能を果たさずに陸上自衛隊の〝独走〟を許してしまったのだ。

政務三役、内部部局そして陸上幕僚監部――三者ともその責任はきわめて重大だ。

## 「大賛成だ」と海兵隊司令官

「JOINT-USE, CO-LOCATION（共同使用・共同配備）」

２０１５年、陸自トップの岩田清文陸上幕僚長とこの計画に合意した在日米海兵隊のニコルソン司令官は、就任当初から「大賛成だ」と公言。キャンプ・シュワブに日米の部隊が駐屯し、辺野古の新基地を共同使用しようという意味を持つキャッチフレーズを広めようと、日米の関係者の間を派手に動き回ったという。

沖縄県内で開催した記者会見では、横田基地（東京）や岩国基地（山口）のように本土の基地では共同使用が進んでいると指摘。辺野古新基地に関し、将来「日本のオスプレイが運用され、陸上自衛隊、海上自衛隊が使用するべきだ」（２０１７年3月8日）、「基地の共同使用が未来の形だ。海兵隊員の削減は既定路線で、グアムやハワイへ移転させる。そこに水陸機動団が来ることは理解できる」（同年11月16日）と、日米の一体運用を意識した発言を繰り返した。この発言については、翌日、当時の小野寺五典防衛大臣は記者会見で「まだ何も決まっていない」と述べるなど、釈明に追われている。

ニコルソン氏の辺野古常駐に関する言動に関し、防衛省幹部の一人から報告を受けた安倍政権の中枢は「計画の存在が広まったら、沖縄の反発は抑えられなくなる」と激怒。発言を封じ込めるため、さまざまな手を打った。その後、慣例となっている外国人叙勲受章者リストから、退役したニコルソン氏が外されたとの情報が流れ、受章できるよう防衛省、陸上自衛隊関係者が関係者を説得し、復活した場面もあったという。

## 「県民を冒瀆する行為」

私たちの取材成果は、２０２１年１月25日の朝刊に掲載された。記事の反響は大きかった。辺野古移設に反対する沖縄の地元関係者からは「県民を冒瀆する行為だ」「負担増加だ」と怒りの声が上がった。

沖縄平和運動センターの山城博治議長は「新たな巨大な負担を強いる。腹立たしい」と怒りを隠さなかった。さらに「戦争のための基地にするという宣言だ。新基地建設を止めるしかない」と語気を強めた。

「基地・軍隊を許さない行動する女たちの会」の高里鈴代共同代表は「県民をばかにしている。絶対に許せない」と話す。日本政府が「辺野古が唯一の解決策」と繰り返す背景には何かあるはずだと懸念していたと明かし、「沖縄の怒りを封じるために基地負担軽減を掲げながら、実際は機能強化し負担を増やそうとしている」と非難した。

玉城デニー沖縄県知事は「県民感情からしても認められない」と憤り、「沖縄の米軍基地の実質的な負担軽減を求めている」とし、普天間など沖縄の米軍施設の整理・縮小計画を記した1996年の日米特別行動委員会（SACO）最終報告の再点検が必要になる可能性があるとの認識を示した。

## 政府の〝釈明〟

一方、政府側は釈明に追われた。加藤勝信官房長官は25日の記者会見で「キャンプ・シュワブの共同使用で配備する合意や計画があるとは承知していない」と述べて否定。水陸機動団の3つめの連隊の配備先について「現在、防衛省で検討されている」と述べるにとどめた。岸信夫防衛大臣は26日の閣議後記者会見で「シュワブの共同使用により、水陸機動団を配備するということは考えていない」と述べた。岸氏は米軍施設の共同使用について「日米双方の外務・防衛当局が幅広い検討を踏まえ意思決定する。陸上自衛隊と米海兵隊が決定するものではない」と指摘。一方で「陸自の中のさまざまな検討を逐一、答えることは差し控える」と逃げ道を残した。

しかし岸氏は一転、27日の参議院予算委員会で、極秘合意に絡み、陸上自衛隊内での検討を事実上認めた。基地に陸自施設を設ける図案があるかどうかを問われ「きちっとした計画があったわけではないが、そういう形での図があったという話はある」と述べた。そのうえで、部隊配備は考えていないと重ねて強調した。

立憲民主党の白眞勲氏は「制服組がこんな重要なことを決めてしまうのは文民統制上、きわめて問題だ」と批判。岸氏は「陸上自衛隊のみで決めるものではない。文民統制は果たせている」と反論した。

また、安倍政権中枢の官房長官だった菅義偉総理大臣は白眞勲氏の質問に「まず、従来より、この代替施設における恒常的な共同使用というのは考えていなかった。その考えにこれからも変更はない」と述べ、将来的な配備の可能性も否定した。辺野古新基地建設への影響を避けるためとみられた。この答弁について沖縄平和運動センターの山城博治議長は「菅総理が『そういう計画は将来もない』と公式に否定した。この政府答弁を引き出したのは画期的な成果だ」と評価した。

## 文官の存在意義

防衛省内部部局の背広組幹部の一人は「陸上自衛隊と米海兵隊の合意はあった。しかし、将来は分からないが、つぶれた案だ。内部部局が止めたのだから、文民統制は効いていた」と総括めいた言葉を口にした。

合意があったことはもう否定できない、と考えたのだろう。つぶれた案だから、と火消しに躍起だった。しかし一方で「将来は分からないが」と逃げを打っている。

そのうえで、この幹部が最も力を込めて訴えたのは、「内部部局が止めたのだから、文民統制は効いていた」の部分だった。当然のことだ。自分たち背広組防衛官僚の存在意義を問われる重大な問題だからだ。

## 2015年、2つの出来事

内部部局の背広組と呼ばれる防衛官僚（文官）と制服組自衛官が対等な立場で防衛大臣を補佐することを盛り込んだ改正防衛省設置法が参議院本会議で可決、成立したのは、2015年6月10日だった。まさに陸上自衛隊と米海兵隊が極秘合意した年だ。

同法には自衛隊の部隊運用（作戦）を制服組主体に改める「運用一元化」も盛り込まれており、背広組が制服組をコントロールする「文官統制」の規定が全廃されたのだ。この時筆者は「背広組優位からの大転換で、万が一、制服組が暴走しようとした際に、阻止する機能が低下するとの懸念は大きい」と指摘している。

旧憲法下で軍部が暴走し、第二次世界大戦の惨禍をもたらした反省から、防衛庁（現防衛省）発足時に採用されたのが「文官統制」だ。政府、防衛省が「文官統制」制度全廃の方針を決めた背景には、東日本大震災などの災害派遣や国連平和維持活動（ＰＫＯ）を通じ国民の自衛隊への支持が高まって制服組が台頭、背広組優位の制度に強い不満を持つようになってきたことがあった。

度重なる制服組と制服ＯＢの政治家からの政治への要求が大きかった。その制服組の中心人物の一人が岩田清文陸上幕僚長であり、制服ＯＢの中心が中谷元・防衛大臣だった。

改正防衛省設置法成立直後から、制服組の大胆な動きは目立った。防衛省内で制服組自衛官を中心とする統合幕僚監部が、集団的自衛権行使を含む安全保障関連法を初めて全面的に反映させる自衛隊最高レベルの作戦計画策定にあたり、背広組防衛官僚が中心の内部部局に権限の大幅移譲を要求していることが判明したとの記事を共同通信が配信したのは、２０１６年2月22日だった。この時はまだ、制服組に対する内部部局の抵抗が続いていた。

筆者はこの際「改正防衛省設置法成立で『文官統制』制度を全廃、内局と統合幕僚監部、陸海空の各幕僚監部が対等の立場になった。統合幕僚監部の要求が認められれば、防衛省内での力関係は逆転し、軍事専門家である制服組主導となる可能性もあり、危惧する声は多い」と指摘している。

結局、制服組に押し切られた形で、２０１６年3月11日、防衛省は背広組防衛官僚が中心の内部部局が担っていた権限の一部を、制服組自衛官が中心の統合幕僚監部に移譲したと発表するに至る。この〝政変〟でも主導したのは当時、制服組トップ統合幕僚長への昇任は間違いないと言われていた岩田清文陸上幕僚長で、その主張を認めたのは、防衛大学校、陸上自衛隊を通じての〝後輩〟である中谷元・防衛大臣だった。

２０１５年に起きた2つの出来事。「文官統制」全廃、陸上自衛隊と米海兵隊との極秘合意。この2つの関係性に疑問はないだろう。

歴史の教訓が示す通り、軍事的合理性のみを追求する制服組自衛官を政治に近づけてはいけないのだ。


（初出：『世界』２０２１年4月号）


---

ジャーナリズムの最大の使命は権力監視だと考えている。

権力の中でも国家権力、その中でも実力組織である軍隊、日本では自衛隊の監視はきわめて重要だということは論をまたないだろう。しかし、自衛隊の力は強大で、その軍事機密は厚いベールに包まれており、簡単に近づくことはできない。

一方、ジャーナリズムの担い手である記者個人の力は、国家権力の前ではあまりに非力で頼りない。日常的には権力監視などとても手が届かない、理想にすぎないというのが実情だ。だが、記者個人が所属する組織の壁を超越して協力したら、少しは権力監視に近づくことができるのではないか。この辺野古密約をめぐる沖縄タイムスの阿部岳編集委員との「合同取材」では、ジャーナリズムの将来に、わずかかもしれないが、明るい希望を感じることができた。

第5章

# 台湾有事と日米共同作戦

## 南西諸島を再び戦禍の犠牲にするのか

(2022年2月)

「米軍が『台湾有事の日米共同作戦計画を早期に策定するべきだ』と自衛隊に強い圧力をかけてきている。その原案には南西諸島に米軍の攻撃用軍事拠点を置くことも含まれている」

日米共同作戦計画について米軍との協議に当たる自衛隊幹部からこう打ち明けられたのは、2021年6月。長い付き合いだが、これまで彼の口から米軍への非難や批判めいた言葉は聞いたことがなかった。その自衛隊幹部は続けてこう言った。

「彼らの頭の中には軍事的合理性しかない。日本の政策も国内法も関係ない。ましてや南西諸島の住民の存在など、はじめから考えていない」

2021年1月のバイデン政権発足直後から、台湾有事勃発の危険性が指摘され、自衛隊幹部から話を聞いた6月ごろには特に盛んに喧伝されていた。懇談の場で台湾有事が話題になったのは自然な流れだった。

台湾有事とは、中国が統一のため、台湾に軍事介入する事態にほかならない。防衛省・自衛隊幹部らの見解を総合すると、次のような想定が可能だ。最初に中国側はインターネットなどを通じた「情報戦」(「世論戦」「心理戦」)を仕掛け、またサイバー攻撃によって重要インフラ機能に障害を発生させる。離島への侵攻もありえる。さらに特殊部隊を潜入させるなどして台湾社会の動揺を誘発する。その後に艦艇や軍用機、ミサイル戦力の投入。最後に中台間を隔てる台湾海峡から海軍海兵隊や陸軍部隊の上陸作戦――とエスカレートさせていくことが考えられる。

米国は台湾関係法で台湾が自衛のために必要とする武器供与や防衛支援を約束しつつ、歴代米政権は中国が台湾を武力侵攻した際にどう対応するかを明確にしない「あいまい戦略」を取ってきた。中国が軍事力行使に踏み切った場合、米軍の反撃を阻止するため、沖縄の米軍基地などを攻撃する恐れがある。こうした事態になれば紛争は台湾周辺にとどまらないとみられ、防衛省・自衛隊では、「台湾有事は日本有事につながる」との見方をする幹部が多い。

## 米軍の攻撃拠点

鹿児島県の南日本新聞、沖縄県の琉球新報、沖縄タイムスをはじめ、共同通信加盟の新聞各社の２０２１年12月24日朝刊の1面に、次のような見出しが並んだ。

南西諸島、米軍臨時拠点に
台湾有事で共同作戦計画
住民巻き添えリスクも
2プラス2で協議開始合意

記事の主旨は「自衛隊と米軍が、台湾有事を想定した新たな日米共同作戦計画の原案を策定したことが分かった。有事の初動段階で、米海兵隊が鹿児島県から沖縄県の南西諸島に臨時の攻撃用軍事拠点を置くとしており、住民が戦闘に巻き込まれる可能性が高い。年明けに見込まれる外務・防衛担当閣僚による日米安全保障協議委員会（「2プラス2」）で正式な計画策定に向けた作業開始に合意する見通し」という内容だ。

日米共同作戦計画の原案では、平時は新たな米軍基地の建設などはせず、台湾有事の緊迫度が高まった初動段階で自衛隊の支援を受けながら部隊を投入するとしている。ここで重要な点は、米軍が南西諸島に拠点を設けるためには、日本政府としての政策決定、土地使用や国民保護などに関する国内法整備の必要があるということ、そして、もし米軍拠点化が実行されれば南西諸島が攻撃対象となるのは必至であり、住民の安全を考慮しない計画への批判は免れないということだ。

２０２１年4月の日米首脳会談の共同声明が約半世紀ぶりに「台湾安定」を明記し、日米共同作戦計画の策定に向け、水面下で協議が進められていた。「2プラス2」を経て、自衛隊と米インド太平洋軍の代表による「共同計画策定委員会」（ＢＰＣ）で正式協議することとなると経緯を説明した。

## 米中対立激化

ここでいう日米共同作戦計画とは、朝鮮半島や沖縄県・尖閣諸島といった特定の地域や紛争の形態を想定し、自衛隊と米軍の部隊運用、双方の連携内容を規定する文書で、日米間の最高機密に属する。

２０１５年に改定された「日米防衛協力指針」（ガイドライン）に基づき、平時に計画づくりに当たる「共同計画策定メカニズム」（ＢＰＭ）が設置されており、その中に制服同士の実務的な協議機関として共同計画策定委員会（ＢＰＣ）がある。ちなみに、「共同計画」とは「共同作戦計画」をソフトなイメージにするための誤魔化しにすぎない。米軍はアジア地域の計画には５０００番台を割り振り、コードネームとしている。朝鮮半島有事は「５０５５」、最近完成した尖閣諸島有事は「５０５１」とされている。

ではなぜ自衛隊と米軍はこの時期に、台湾有事の日米共同作戦計画原案を策定したのか。その背景には台湾をめぐる米中対立の激化がある。

中国の習近平指導部は、「核心的利益」中の「核心的利益」である台湾を武力統一する可能性を排除しない方針を掲げる。２０１６年5月、独立志向が強いとされる蔡英文政権が発足以降、台湾に対する軍事的圧力を強化した。特に２０２０年以降、軍用機による台湾への接近を急増させている。米トランプ前政権の台湾支持の政策に反発したのが引き金とみられる。

これまでなかった中台間の中間線を越えた飛行を含め、台湾の「防空識別圏」（ＡＤＩＺ）への進入が繰り返され、一度に50機以上が集団で押し寄せるケースも出ている。対する米国は海軍艦の台湾海峡通過を続行するとともに、日本やオーストラリア、英国など同盟国、友好国との演習も増加させてきた。

その象徴的な事例として、２０２１年10月4日、中国軍機56機が台湾のＡＤＩＺに進入したケースが挙げられる。中国軍機の一日の進入数としては情報を公開しはじめた

２０２０年9月以来最多。沖縄南西海域でその前々日から前日まで、米原子力空母や英空母など空母3隻による共同訓練が行われており、海上自衛隊も参加していた。それへの牽制の意図があるとみられた。

トランプ政権のポンペオ国務長官が２０２０年7月、中国共産党体制を激しく批判する演説で対決姿勢を鮮明にした。２０２１年1月に発足したバイデン政権も中国を「唯一の競争相手」として、世界情勢が「民主主義対専制主義」の対決の渦中にあると打ち出した。

２０２１年12月には、中国を排除する一方、台湾の閣僚級も招待した「民主主義サミット」を開催するに至る。

２０２１年3月には、米インド太平洋軍のデービッドソン司令官（当時）が議会公聴会で中国が「6年以内」に台湾に軍事侵攻する可能性があると証言、後任に指名されたアキリーノ太平洋艦隊司令官（当時）も議会公聴会で、２０４５年までに侵攻が起きる恐れがあるとの分析を示したうえで「さらに迫っている」と指摘し、波紋が広がった。

菅義偉首相（当時）がワシントンを訪問した２０２１年4月の日米首脳会談では、約半世紀ぶりに共同声明で台湾海峡に関し「平和と安定の重要性を強調し、両岸問題の平和的解決を促す」と明記し、懸念を強く表明した。共同声明にはさらに、「日本は同盟及び地域の安全保障を一層強化するために自らの防衛力を強化することを決意した」との一文も含まれていた。

これに対し中国は台湾統一の意思を重ねて表明。習氏は2021年7月の党創建100周年記念演説で「揺らぐことのない歴史的任務。国家主権と領土の保全を守る中国人民の決意を見くびるな」と米国を強く牽制した。米中のせめぎ合いは激しく、軍事衝突の懸念さえ広まりつつある。

## 米軍の焦り

中国による台湾への武力侵攻が差し迫っているとの米軍の焦りは、2021年3月に米インド太平洋軍の新旧司令官が相次いで「6年以内」「われわれが考えるより迫っている」と言及したことでヒートアップしたという。

日米共同作戦計画の策定は本来、共同計画策定メカニズムの最高機関である外務・防衛担当閣僚による「2プラス2」での正式な計画策定に向けた作業開始合意、いわゆる「キックオフ」をもってスタートするのが筋だ。

しかし、日米共同作戦計画の協議に当たる自衛隊幹部は、夏前から米側が「日米間の政治プロセスは待っていられない」「台湾海峡を挟んで戦争が差し迫っていることを理解しているのか」といった強硬な発言を繰り返すようになったと明かした。

防衛省幹部は「自衛隊は米軍に対し、今は無理だが将来的には可能だという態度を取ってきたが、中国の台湾侵攻への備えを急ぐ米軍に押し切られた」と振り返った。

関係者によると、米インド太平洋軍司令官に就任したアキリーノ海軍大将が2021年11月に来日した際、防衛省制服組トップの山崎幸二統合幕僚長ら自衛隊幹部との会談で、台湾有事をめぐる日米共同作戦計画が議題の一つになった。防衛省幹部は「会談後、山崎統合幕僚長ら自衛隊首脳の顔色が悪かった。アキリーノ司令官にかなり圧力をかけられたようだ」と話した。

こうして米軍の勢いに押し切られるように、日米共同作戦計画の原案は策定された。策定後は日米の部隊レベルで検証する段階になっている。

## 重要影響事態

完成した原案によると、南西諸島にある有人・無人合わせて２００弱の島々のうち、米軍の軍事拠点化の可能性があるのは約40カ所。その大半が有人島で、水が自給できることを条件に選定した。この中には、陸上自衛隊が地対艦ミサイル部隊、地対空ミサイル部隊および警備部隊を配置している奄美大島、宮古島や、今後配置される予定の石垣島も含まれる。

米軍が拠点を設置するのは、中台間で戦闘が発生し、放置すれば日本の平和と安全に影響が出る「重要影響事態」と日本政府が認定したケースだ。重要影響事態は安倍政権当時の２０１６年施行の「安全保障関連法」で規定された。朝鮮半島有事を想定して１９９９年に制定された「周辺事態法」を改称し、地理的制約も事実上、撤廃した。「現に戦闘行為が行われている現場（戦場）」以外であれば、自衛隊は戦闘中の米軍など他国軍への補給や輸送などの後方支援が可能になった。戦闘行動のため発進準備中の航空機への給油、弾薬提供もできるが、武器の提供は認めていない。しかし、相手側が米軍の戦闘行為と一体化していると判断する可能性はきわめて大きい。すなわち、戦闘に巻き込まれる危険性が非常に高い。

米軍は中台紛争への軍事介入を視野に、対艦攻撃ができる海兵隊の「高機動ロケット砲システム」（ＨＩＭＡＲＳ）を拠点に配備。自衛隊に輸送や弾薬の提供、燃料補給など後方支援を担わせ、空母を中心とする打撃群などが展開できるよう中国軍艦艇の排除に当たる。海兵隊は相手の反撃をかわすため、攻撃拠点とする島を次々と変えながら攻撃を続けていく。

## 検証のための初訓練

日米共同作戦計画原案は、米インド太平洋軍が、中国軍への対処を念頭に部隊の小規模・分散展開を骨格とする海兵隊の新たな運用指針「遠征前方基地作戦」（ＥＡＢＯ）に基づき、自衛隊に提案した。

ＥＡＢＯは２０１６年に海兵隊司令官ネラー大将が発表した「海兵隊作戦構想」の主柱の一つ。米軍はイラクやアフガニスタンでの「テロとの戦い」から、東シナ海、南シナ海での「中国封じ込め」に戦略目標の中心を変更した。米海兵隊が高性能なミサイルを保有する中国海空軍に対抗、島嶼部を拠点に戦うために考え出された運用方針がＥＡＢＯだ。２０２１年12月にはこのＥＡＢＯが初めて形になって姿を現した。

２０２１年12月7日、青森県の海上自衛隊八戸航空基地。沖縄県の米軍嘉手納基地から4時間かけて飛来した米空軍のＣ１３０Ｊ輸送機後部のハッチが開いた。小銃を構えた海兵隊員が周囲を警戒する中、迷彩のカムフラージュ用ネットに前面を覆われたＨＩＭＡＲＳを搭載する車両が降りてくる。

陸上自衛隊と米海兵隊が北海道、東北地方で12月、約2週間にわたって展開した日米共同訓練「レゾリュート・ドラゴン」(不屈の竜の意)の場面だ。日本国内の演習場を使用した訓練なのに、参加隊員数は陸上自衛隊の約１４００人に対し、米海兵隊は約２６５０人。米海兵隊がメインの共同訓練であることは明白だ。

八戸基地を南西諸島の離島に見立て、近づく敵艦を陸上自衛隊と米海兵隊が攻撃する事態を想定した訓練だった。翌日、宮城県の王城寺原演習場では、敵の艦艇に対処するミサイル部隊を指揮するための日米間の調整の場面などが報道公開された。この訓練は台湾有事が「日本有事」までにエスカレートした事態を想定したものだったが、ＥＡＢＯに基づいた日米共同作戦計画原案を日米部隊が訓練を通じて実際に検証する作業を垣間見ることができた貴重な機会だった。

## 安全保障関連法

「確かに安全保障関連法ができたから、台湾有事に日本が巻き込まれる危険性が増大したとも言える。反対派の主張にも一理あったということだ」

防衛省内で背広組と言われる防衛官僚の中堅の一人が、台湾有事と安全保障関連法との関係を解説した。省内では決して口にできないだろう言葉だった。

安倍政権下の２０１５年９月、野党や市民、学生などの強い反対を押し切って成立、２０１６年３月から施行された安全保障関連法では、日本の安全保障に関連する事態として、放置すると日本の平和と安全に重要な影響を与える「重要影響事態」と、密接な関係にある他国に武力攻撃があり、日本の安全が脅かされる「存立危機事態」が新しく規定された。

前述したように、重要影響事態は、事実上、朝鮮半島有事を想定していた周辺事態を改称して地理的制約をなくし、日本周辺に限らず米軍や他国軍の後方支援を可能にした。日米共同作戦計画原案の前提となっている事態だ。

一方、存立危機事態では、従来の政府の憲法解釈では禁じられてきた集団的自衛権行使が容認された。存立危機事態よりエスカレートし、日本が直接攻撃されれば、「武力攻撃事態」、すなわち日本有事となる。

台湾有事での事態認定について、防衛省・自衛隊幹部には、おおよそ次のような共通認識がある。

まず、中国と台湾の間で戦闘が発生し、米国が軍事介入を視野に展開を決断した場合は「重要影響事態」に相当する。事態がさらにエスカレート、中国と台湾の戦闘に米国が軍事介入し、米国と中国との戦闘が始まれば、「存立危機事態」と認定可能となる。最終段階は、沖縄本島の在日米軍基地や日米共同作戦計画に基づいて南西諸島を臨時拠点化した米軍部隊に攻撃があれば、「武力攻撃事態」となる。

つまり安全保障関連法において重要影響事態と存立危機事態が規定されていなければ、日本国内にある米軍基地が攻撃されないかぎり、中台間や米中間の戦争に日本が巻き込まれる危険性はゼロだった。逆に言えば、台湾有事に日本が参戦できるように安倍政権は安全保障関連法制定に突き進んだと言える。

安全保障関連法制定の際、「米国の戦争に巻き込まれることは絶対ない」と断言していた安倍晋三元総理大臣が２０２１年12月1日、台湾のシンクタンクのオンライン講演で「台湾有事は日本有事であり、日米同盟の有事でもある」と発言したことは、常人の理解を完全に超えている。

## 再び戦争の矢面に立たされる南西諸島

米軍の攻撃拠点が置かれるとされた鹿児島・沖縄両県の住民からは反発の声が次々と上がった。太平洋戦争末期の沖縄戦と重ね合わせ、「二度と巻き込まれてはいけない」と話す人も少なくない。米軍への不信感も噴出した。

「私たちはまた戦争の矢面に立たされ、犠牲者になるのではないか」。戦死者の遺骨収集を続ける那覇市の市民団体「ガマフヤー」代表の具志堅隆松さんは声を絞り出した。具志堅さんは「日本政府は沖縄なら戦場になってもよいと考えているのではないか。住民の意向を確認しないまま、計画が進んでいる」と批判した。

沖縄戦で旧陸軍通信隊員だった安里祥徳さんは多くの学友らを失った。「命を奪われることは絶対に避けるべきだ」と話した。

奄美市の市民団体代表、薗博明さんは戦時中、米軍の上陸を恐れ、夜の山中に息を潜めた経験がある。沖縄へ向かう特攻機を見送ったこともあり「思い返すと涙が出る。いつも奄美や沖縄は犠牲になりっぱなしだ」と憤った。

与那国島の住民の50代男性は「米軍は受け入れられない」と話す。島への自衛隊配備は許容する立場という。だが、米軍が地元の意向を無視し、汚水を基地外に排水したことなどを挙げ、「日米地位協定で日本と米国は対等ではない。米軍は好き勝手にやる。信用できない」と語った。

沖縄県内の市民団体は2021年12月24日、沖縄県庁で記者会見し、「住民の犠牲が前提で、断じて容認できない」と計画の撤回を求めた。

団体は、「南西諸島を戦場にさせない県民の会（仮称）」準備会で、「県民を再び戦争の犠牲に差し出すことにほかならない」との抗議声明を発表。団体メンバーの山城博治さんは「軍隊は住民を守らない。（計画を報じた記事では防衛省幹部が）住民を守る立場にないとあからさまに語っている。沖縄戦の再来を語る暴挙だ」と非難した。宮城恵美子さんは「われわれ沖縄の命はどうでもよいからと、簡単に火遊びゲームをしていいのか。命も島も全部破壊されていく危機感がある」と訴えた。

沖縄県の玉城デニー知事も同日、防衛省で鬼木誠防衛副大臣と面会した際、「再び攻撃の目標になることがあってはならないと危惧している。これ以上過激な基地負担があってはならない」と述べた。沖縄戦が念頭の発言とみられ、住民が巻き添えになることに懸念を示した。玉城知事は鬼木副大臣に対し、同省が計画に関する詳細を明らかにするよう要求。「政府全体でアジア太平洋地域の緊張緩和と信頼醸成をしっかり努めてほしい」と訴えた。

岸信夫防衛大臣は同日の記者会見で、日米間では、2015年改定の防衛協力指針（ガイドライン）に基づき、共同計画の策定や更新に当たるとの一般論を説明。「計画の策定状況や具体的な内容などの詳細は、緊急事態での日米両国の対応に関わることで事柄の性質上差し控える」と明言を避けた。日本国内で米軍が拠点を設ける法的なハードルを問う質問には「基本的には日米合同委員会の合意に基づき運用されるが、詳細は控える」と話した。

## 「確固とした進展を歓迎」

２０２２年１月初旬に予定されていた外務・防衛担当閣僚による「２プラス２」は１月７日、新型コロナの感染拡大を受け、テレビ会議方式で開催された。協議後に発表された共同文書で、中国の軍事活動への懸念を表明。地域の安定を損なう中国の行動について、必要なら共同で対処する決意を示した。２０２１年３月の前回文書では、中国による「他者への威圧に反対」との表現だったが、日米による共同対処に踏み込んだ。自衛隊と米軍が台湾有事の日米共同作戦計画原案を策定していることと合わせて考えると、日米部隊のさらなる「一体化」への懸念が強まった。

共同文書で最も目を引いたのは、「困難を増す地域の安全保障環境への対応」をめぐり、「緊急事態に関する共同計画作業の確固とした進展を歓迎」としたことだ。林芳正外務大臣は記者会見で、計画は台湾有事を想定したものかとの質問に、「具体的な内容は相手との関係もあるので、差し控える」と明言を避けた。

問題の本質をよく表していると思うので、同日の岸信夫防衛大臣の記者会見での、記者との一問一答を記す。

記者　共同作戦計画について聞く。「進展」というふうにあるが、朝鮮半島有事の共同作戦計画ははるか以前に完成、最近尖閣諸島有事の共同作戦計画も完成した。ということは、この進展というのは台湾有事についての共同作戦計画の原案と解釈していいか。

防衛相　共同計画に関するさらなる詳細については答えを差し控えさせてもらう。

記者　その原案の中には、南西諸島に米軍の攻撃用の軍事拠点を臨時に設置するということが含まれているが、答えられないというのは、南西諸島の住民に対してたいへん失礼な話だと思うが、いかがか。

防衛相　申し訳ないが、答えは差し控えさせていただく。

記者　住民の生活とか人生とか生命がかかっているのに、それでも答えられないのか。

防衛相　答えは差し控えさせていただく。

## 戦場にしてはいけない

前述した仮称から変更した「命どぅ宝　沖縄・琉球弧を戦場にさせない県民の会」準備会は2022年1月11日に那覇市内で記者会見し、「2プラス2」が日米で中国に対処するとした共同文書の破棄を求めた。今後、玉城デニー沖縄県知事や沖縄県議会に対して同文書への抗議・破棄の要求をするよう要請するとした。

「台湾有事で重要影響事態が認定されたら、自衛隊は米軍の後方支援を最優先する。南西諸島の住民を避難させる余裕はまったくない」

自衛隊の高級幹部が本音を語った。歴史が証明するように、軍事組織は住民を守るために存在するものではない。

現代の戦争では一般市民への被害を最小限にするのは常識で、軍事関連施設に攻撃が集中する。米軍が臨時軍事拠点を置けば、島全体が攻撃目標になるのは火を見るより明らかだ。たとえ、日米の制服組同士による純粋な軍事的合理性に基づく正式合意がなされたとしても（まもなく正式合意されることは間違いない）、米軍の要求を丸飲みした南西諸島の軍事拠点化はやめなければならない。日米共同作戦計画を計画通りに実行するのには、日本政府による政策決定と国内法整備が必要となる。決して沖縄戦の悲劇を繰り返してはならない。命を守る政治の判断が問われている。

（初出：『世界』２０２２年3月号）

---

台湾有事に備えた日米共同作戦計画には特定秘密保護法の特定秘密が多く含まれるとみられ、秘密保持が徹底されている。その全容を報道することはとても叶わない。

しかし、取材を継続していると、断片的だが輪郭の一部を提示することができた。まず判明したのは、日米共同作戦計画原案を反映させた自衛隊と米軍の最高レベルの演習が２０２４年2月に行われたこと、そしてその際には実物の地図を使用し、仮想敵国を初めて「中国」と明示したということだ。そのため、演習自体も特定秘密に指定したことも分かった。米軍、自衛隊の危機感の表れと言える。

また、台湾有事の際、米軍が海兵隊を南西諸島に、陸軍をフィリピンに展開させ、ミサイル網を構築することが判明。日米共同作戦計画に盛り込む方針であることも分かった。

広大なエリアが「戦域化」し、周辺住民が巻き込まれる恐れがある。

日米が策定を急ぐ共同作戦計画は、両国の制服組幹部が軍事的合理性だけに基づいて検討している。台湾有事発生対応に向け突っ走る制服組幹部たち。日本では政治が軍事に引きずられる危険性が高まっている。

第6章

# 変容する防衛省・自衛隊

## 共同通信配信記事集
## (2014年8月〜2024年11月)

まえがきで記した通り、日本の安全保障政策に根本的な変化が起きはじめたのが、２０１２年の第2次安倍晋三政権の発足以降であった。

本章には、この時期にあたる２０１４年から２０２４年に至る10年間に、筆者が独自取材に基づいて共同通信から配信した記事をそのまま時系列で収録する。

「編注」とあるのは、配信時に共同通信が付した連絡用のコメントで、それぞれの記事の位置づけや見出しのテキスト、記事公開の解禁時刻などを記したものだ。

2014年08月03日　02：00：00　共A3T0881社会088S【●指定】

# 初の宇宙監視部隊創設

【編注】朝刊メモ（62）の（ア）、本記、独自ダネ、差し替え電文（社会061S）、解禁（電子メディアは3日午前2時）、写真、青森、新潟、岡山、鹿児島、那覇、政治部、外信部、科学部、海外部注意

防衛省が、自衛隊初の宇宙部隊を5年後をめどに発足させる方針を決め、米政府に通告していたことが分かった。日米関係筋が2日、明らかにした。当面は、役割を終えた人工衛星やロケット、その破片など宇宙を漂う物体「宇宙ごみ」を監視し、人工衛星との衝突などを防止することを主な任務とする。

軍事、非軍事両分野の宇宙開発で米ロを猛追する中国をけん制する狙いがある。情報は米軍に提供し、陸海空に次ぐ「第4の戦場」と言われる宇宙分野でも日米連携の強化を図る。宇宙利用の非軍事原則を転換した2008年の宇宙基本法施行を受け、防衛省がまとめた宇宙利用基本方針を8月中にも改訂して、宇宙監視部隊発足を盛り込む。

関係筋によると計画では、宇宙開発の調査研究などを行っている「日本宇宙フォーラム」が管理するスペースガードセンターのレーダー施設（岡山県鏡野町）と大型光学望遠鏡施設

（同県井原市）を文部科学省、宇宙航空研究開発機構（ＪＡＸＡ）と共同で取得。宇宙監視部隊が運用する。

レーダーは電波法改正で使用できなくなるため、最新のものに更新する。監視対象は宇宙ごみ、人工衛星などで、監視部隊は、航空自衛隊の所属とする案を軸に検討中という。

関係筋によると、日米間で宇宙ごみへの関心が高まった要因は、中国が07年に実施したミサイル発射による人工衛星破壊実験。破片約３千個が宇宙ごみとなって漂っており、偵察衛星や通信衛星に衝突することがあれば、安全保障面に重大な影響が及ぶ恐れがある。

日米両政府は今年５月、宇宙開発に関する協力を話し合う宇宙包括対話をワシントンで開き、人工衛星を利用した海洋監視や宇宙ごみの監視で連携を強化し、本格的な相互運用体制の構築を急ぐ方針で一致した。ＪＡＸＡの宇宙ごみに関する情報を米戦略軍に提供することでも合意した。

米軍側は当初、大湊（青森）佐渡（新潟）下甑《しもこしき》島（鹿児島）や与座岳《よざだけ》（沖縄）に設置されている弾道ミサイルを探知、追尾する空自の地上配備型最新レーダーＦＰＳ５の活用を要求。防衛省は検討の結果、「ＦＰＳ５を宇宙監視に使用すると、対弾道ミサイルで穴があいてしまう」と難色を示し、別の方法を模索していた。

2015年09月09日　22：24：59　共A3T1660社会157S

# 日米で中国潜水艦監視網

沖縄拠点、太平洋カバー　武力行使に直結の懸念　安保法制でも議論なし

【編注】朝刊メモ（1）の（ア）、本記、独自ダネ、差し替え電文（社会079S）、写真、地図、青森、横浜、那覇、政治部、外信部、海外部注意

海洋進出を強める中国海軍対策で海上自衛隊と米海軍が、沖縄を拠点に南西諸島の太平洋側を広範囲にカバーする最新型潜水艦音響監視システム（SOSUS）を敷設、日米一体で運用していることが9日、防衛省、海自への取材で分かった。

東シナ海、黄海から太平洋に出る中国潜水艦を探知可能。冷戦時代、日米が津軽、対馬海峡に旧ソ連潜水艦監視用の旧型SOSUSを設置したことは判明していたが、対中国にシフトした新システムの存在が明らかになったのは初めて。

台湾海峡有事などで探知情報が米軍の武力行使に直接活用される懸念があるが、集団的自衛権行使容認をめぐる安全保障関連法案の国会審議ではこうした「情報と武力行使」の関係はほとんど議論されていない。

防衛省海上幕僚監部は最新型ＳＯＳＵＳの存在について「回答は差し控える」としている。

複数の防衛省、海自幹部らによると、ＳＯＳＵＳは海底にケーブルを敷設して、水中聴音機などで潜水艦が出す音響や磁気データを収集、動向を監視するシステム。最新型は米国が開発。低い周波数も捉えることができ、旧型よりはるかに遠方の音響も収集できるという。

太平洋の最新型ＳＯＳＵＳは、沖縄県うるま市の米海軍ホワイトビーチ基地内にある海自沖縄海洋観測所が拠点で、ここから海底に2本のケーブルが出ており、1本は九州南部、もう1本は台湾沖までのそれぞれ延長数百キロとされる。水中聴音機などを数十キロおきに設置している。

同観測所では、潜水艦のソナー（音波探知機）要員出身などの海自隊員と米海軍の軍人、軍属が勤務し、収集した情報は完全に共有しているという。

海自下北海洋観測所（青森県東通村）から北海道東部沖までの1本も運用されており、主にロシア潜水艦の動向を監視しているとされている。

最新型ＳＯＳＵＳは「日米安保体制の最高機密」とされ、敷設の時期などは不明。海自は首相、防衛相ら十数ポストの要人だけに概要を説明しているという。

中国海軍も日米などの潜水艦監視を強化しており、複数の軍幹部によると、「反潜網」と呼ばれるシステムを青島、上海などの海軍基地、重要港湾を中心に東シナ海や黄海に敷設している。

2015年09月15日　17：15：47　共A3T0787社会091S

## 一部防衛相には説明せず

最新潜水艦監視網の情報　海自、恣意的に選別　文民統制逸脱の可能性

【編注】朝刊メモ（1）の（ア）、本記、独自ダネ、参照（9日社会157S）、写真、図解、青森、横浜、那覇、政治部、外信部、海外部注意

中国海軍対策などで日米が一体で運用していることが明らかになった最新型の潜水艦音響監視システム（SOSUS）について、防衛省海上幕僚監部が歴代防衛相（旧防衛庁長官を含む）を選別し、一部には何の説明もしていなかったことが15日、防衛省、海上自衛隊

への取材で分かった。

歴代首相には必ず説明していたという。自衛隊法上、首相は自衛隊の最高指揮官だが、防衛相が直接指揮監督すると規定されており、防衛相に対する恣意的ともいえる情報開示は、政治が軍事に優越する文民統制（シビリアンコントロール）を逸脱する可能性がある。

海幕は「コメントできない」としている。

複数の防衛省、海自幹部によると、最新型ＳＯＳＵＳは「日米安保体制の最高機密」で、在任期間が短いことが予想されるなど信頼性が低いと判断した防衛相には、存在すら説明していなかった。

首相や長期在任が予想されるなど信頼感がある防衛相には、制服組自衛官の海幕防衛部長、防衛課長らが設置図などの資料を基にシステムの概要を説明していたが、資料はその場で回収していたという。

在任数カ月だった防衛相経験者は取材に「（最新型ＳＯＳＵＳについて）説明を聞いたことは一切ない」と断言。

1年以上務めた経験者は「具体的な内容は言えないが、指折りの最重要情報だった。資料は回収された」と説明を受けたことを認め、「海幕は信頼できそうにない大臣、短命そうな大臣には言わない。人を見てからだ」と事実関係を裏付ける証言をしている。

最新型ＳＯＳＵＳは10年以上前に敷設されたとみられるが、詳細な時期は不明。文民である首相、防衛相以外では、防衛省内でも制服組の海上幕僚長、背広組防衛官僚の防衛政策局長、運用企画局長ら十数ポスト の要職にある人物にしか説明していないという。

２０１６年02月22日　02:00:00　共Ａ3Ｔ0979社会0７1Ｓ　【●指定】

## 制服組が権限大幅移譲要求

防衛省、背広組は拒否　作戦計画策定で　力関係逆転に危惧も

【編注】朝刊メモ（60）の（ア）、本記、独自ダネ、差し替え電文（社会０４１Ｓ）、解禁（電子メディアは22日午前2時）、写真、図解、政治部、外信部、海外部注意

集団的自衛権行使を含み、今年3月施行される安全保障関連法を初めて全面的に反映させる自衛隊最高レベルの作戦計画策定に当たり、防衛省内で制服組自衛官を中心とする統合幕僚監部が、背広組防衛官僚が中心の内部部局（内局）に権限の大幅移譲を要求してい

ることが21日、複数の防衛省・自衛隊関係者の証言で分かった。内局は拒否、調整が続いている。

昨年6月の改正防衛省設置法成立で防衛省は、防衛官僚が自衛官より優位な立場から大臣を補佐する仕組みだった「文官統制」制度を全廃、内局と統幕、陸海空の各幕僚監部が対等の立場になった。統幕の要求が認められれば、防衛省内での力関係は逆転し、軍事専門家である制服組主導となる可能性もあり、危惧する声は多い。

関係者の話を総合すると、争点となっているのは、「統合防衛及び警備基本計画」で、特定秘密に指定されている。5年先までの計画を3年ごとに全面改定、さらに毎年見直して修正している。同作戦計画に最新の情勢見積もりを加味した上で、統幕が日常的に陸海空3自衛隊を運用（作戦指揮）している。

次の作戦計画策定では、昨年4月に改定された新日米防衛協力指針（ガイドライン）と、安全保障関連法の内容が初めて全面的に反映される。

作戦計画策定までには3段階があり、これまでは／（1）／内局運用企画局が基本的な方針を定めた大臣指針を決定／（2）／その指針に基づき統幕が作戦計画を作成／（3）／運用企画局が大臣に承認を求める――という役割分担だった。

しかし、統幕側は、内局運用企画局が昨年廃止され、自衛隊の運用（作戦指揮）が統幕に一元化されたことを受け「（作戦）計画もすべて統幕の権限だ」と主張、／（1）／と／（3）／の権限も譲るよう内局側に要求した。

一方、内局側は「運用（作戦指揮）と（作戦）計画は違う」と主張。その上で、防衛省設置法の8条は、「防衛・警備に関することの基本と調整」や「自衛隊の行動に関する事務の基本」を内局の所掌事務と規定しているとした。

さらに、内局が総合調整機能を有していることを根拠に、／（1）／と／（3）／は運用企画局の機能の一部を継承した内局防衛政策局が引き続き担うべきだ、と統幕側に反論している。

２０１６年06月30日　23:15:55　共Ａ３Ｔ１９３７社会２３７S

# イスラエルと防衛装備研究

無人偵察機、準備最終段階　「新三原則」で初　アラブ諸国反発も

【編注】朝刊メモ（１２８）の（ア）、本記、独自ダネ、差し替え電文（社会２３５S）、資料写真、図解、地図、政治部、経済部、外信部、海外部注意

防衛装備庁がイスラエルと無人偵察機を共同研究する準備を進めていることが、30日までの日本政府関係者や両国外交筋への取材で分かった。既に両国の防衛・軍需産業に参加を打診しており、準備は最終段階という。

パレスチナ問題を抱えるイスラエルは旧・武器輸出三原則で禁輸対象だった「紛争当事国になる恐れがある国」に当たるが、安倍政権が２０１４年に閣議決定した防衛装備移転三原則（新三原則）によって、初めて装備・技術移転が可能になった。

国家安全保障会議（ＮＳＣ）が最終判断するが、安倍政権はイスラエルとの関係強化を図っており、共同研究に踏み切る可能性が高い。装備庁は無人攻撃機、無人戦闘機を含めた共同開発に発展させたい考えで、アラブ諸国の強い反発も予想される。

防衛装備庁の渡辺秀明長官は「イスラエルとの間で無人機の共同研究について、具体的な準備を行っているという事実はない」としている。

イスラエルの担当当局は、国防省の対外防衛協力輸出庁（SIBAT）。同国の無人機技術は世界最高レベルとされ、実戦でもパレスチナ自治区ガザ地区やレバノンなどへの攻撃に投入している。関係者によると、共同研究は、イスラエルの無人機技術に日本の高度なセンサー技術などを組み合わせる狙いという。

装備庁とSIBATは航空・宇宙システムの大手軍需産業「イスラエル・エアロスペース・インダストリーズ」（I・A・I）、軍需エレクトロニクス企業「エルビット・システムズ」などに参加を打診。2社は共同通信の取材に対し「答えられない」としている。

日本の防衛産業は、三菱電機や富士重工業などで、三菱電機は取材に「個別の案件については回答できない」とコメント。富士重工業広報は当初取材に「事実関係を承知しておらず、コメントを控える」と回答、その後担当部署に確認し「そうした事実はない」と変更した。

防衛省は米軍が運用している無人偵察機グローバルホークの導入を決めているが、関係者によると、イスラエル製無人機は同じ性能でも価格は米国製の数分の1から10分の1程度。操縦が容易なのも特長で、装備庁は将来的にイスラエルとの共同開発機を後継にしたい考えとみられる。

2016年11月28日 02:00:00 共A3T0679社会041S 【●指定】

# 陸自システムに侵入

サイバー攻撃、情報流出か 高度手法、国家関与も 被害の全容不明

【編注】朝刊メモ（56）の（ア）、本記、特ダネ、差し替え電文（社会037S）、解禁（電子メディアは28日午前2時）、サイバー報道チーム、政治部、外信部、経済部、科学部、海外部注意、石井暁、宮毛篤史

防衛省と自衛隊の情報基盤で、駐屯地や基地を相互に結ぶ高速・大容量の通信ネットワークがサイバー攻撃を受け、陸上自衛隊のシステムに侵入されていたことが27日、複数の同省関係者の話で分かった。防衛省が構築した堅固なシステムの不備を突く高度な手法と確認された。詳細な記録が残されておらず、被害の全容は判明していないが、陸自の内部情

報が流出した可能性が高い。

複数の自衛隊高級幹部は「危機的で相当深刻な事態だ。早急に再発防止策を講じる必要がある」と強調。一方、情報セキュリティーを担当する防衛省の斎藤雅一審議官は「個別の案件には答えられない」とコメントした。

防衛省は外部接続を制限するなど防御態勢を強化してきたが、今回はそれを上回る高度な手法から国家などが関与した組織的攻撃の疑いが強い。同省は深刻な事態と判断。9月ごろに確知し、直後にサイバー攻撃への警戒レベルを引き上げた。

関係者によると、攻撃を受けたのは、防衛省と自衛隊が共同で利用する通信ネットワーク「防衛情報通信基盤（ＤＩＩ）」。接続する防衛大と防衛医大のパソコンが不正アクセスの被害に遭ったとみられる。このパソコンを「踏み台」として利用した何者かが、陸自のシステムにも侵入した可能性が高い。防衛省は確知後、防衛省・自衛隊全体でインターネット利用を一時禁止した。

防衛大と防衛医大は、全国の大学が参加する学術系のネットワークにも入っている。このネットワークを経由して攻撃されたもようだ。

ＤＩＩはインターネットに接続する「部外系システム」と、関係者が内部情報をやりとりする「部内系システム」に分かれている。電子メールを通じてコンピューターウイルスが入り込むことなどを防ぐため、二つのシステムは分離して運用されている。ただ、個々のパソコンは両方のシステムに接続し、切り替えながら利用する仕組みで、切り離しは完全ではなかった。攻撃者はこの仕組みを悪用したとみられるという。

2017年02月26日　02:00:00　共A3T1070社会084S　【●指定】

## 対中国、緊急発進を増強

空自戦闘機倍増し4機に　全基地を一元運用　緊張高める懸念も

【編注】朝刊メモ（1）の（ア）、本記、独自ダネ、差し替え電文（社会061S）、解禁（電子メディアは26日午前2時）、資料写真、図解（日中の防空識別圏）、グラフ（過去5年のスクランブル回数）、那覇、政治部、外信部、海外部注意

沖縄県・尖閣諸島周辺で活動を活発化させている中国軍機を念頭に、防衛省が航空自衛隊の緊急発進（スクランブル）の態勢を見直し、これまで領空侵犯の恐れがある航空機1機

に対して空自戦闘機2機で対処していたのを4機に増強したことが25日、複数の政府関係者の話で分かった。4機態勢は1958年に空自の対領空侵犯措置任務が始まってから初めてとみられ、さらに緊張が高まる懸念がある。

発進の頻度が高い那覇基地で待機する戦闘機が不足するため、航空総隊司令部（東京都）が全国基地の戦闘機の運用を一元化し、状況に応じて移動、待機させるなど柔軟な対応を可能にする訓令変更も実施した。

日中が設定した防空識別圏が重なり合う尖閣諸島周辺では、双方の戦闘機のスクランブルが急増。空自の態勢強化に中国側が対抗し、一触即発の状態が継続しており、偶発的な衝突回避に向けた仕組みの構築が急務となっている。

防衛省によると、2016年度の中国、ロシアなどに対する全体の緊急発進は今年1月末で千回を超え、旧ソ連機が活発だった冷戦期の1984年度に記録した944回を超えて過去最高となった。態勢強化が緊急発進の増加要因の一つになっている。

関係者の話を総合すると、北緯25度と26度の間にある尖閣諸島の領空に中国機を侵入させないため、空自は同27度を「防衛ライン」に設定してきた。しかし、最近はこれを越える中国機が急増し、「じり貧状態」（防衛省幹部）に危機感を抱いたことから、態勢強化に踏み切った。

発進するF15戦闘機4機のうち増強した2機は後方で中国機の行動を監視し、追加の飛来を警戒。上空での戦闘警戒待機（CAP）の滞空時間を大幅に延長したほか、スクランブルの際、E2C早期警戒機、空中警戒管制機（AWACS）をより多く飛行させ、中国機の情報をF15戦闘機に伝達するなど連携を強化した。

防衛省は昨年1月、那覇基地に第9航空団を新編し、F15戦闘機を約40機に倍増したが、スクランブルの回数増加に加え、4機態勢にしたことで同基地の待機機数が不足するようになった。

このため、四つに分かれる航空方面隊、航空混成団ごとに戦闘機の待機機数などを定めていた訓令を変更し、戦闘機部隊を統括指揮する航空総隊司令部が、制約なく全戦闘機を運用できるようにした。

２０１７年06月18日　15：23：07　共Ａ３Ｔ０２３７社会０２６Ｓ

# 護衛艦の新契約方式に批判

防衛省幹部も「談合誘発」

【編注】朝刊メモ（34）の（ア）、本記、独自ダネ、図解（新型護衛艦と新契約方式のイメージ）、政治部、経済部、海外部注意

防衛省が２０１８年度から８隻建造する新型護衛艦の契約方式を競争入札から特殊な随意契約に変更し、発注先の選定を進めていることに、防衛省幹部らから批判が出ている。新方式は護衛艦建造を実質的に担っている国内２社のいずれにも関わらせる仕組みで、「談合を誘発する」「不透明」との声が上がる。少数の企業しか建造技術を持たない防衛産業の特殊性も背景にありそうだ。

従来は護衛艦１隻ごとに入札価格で発注先を決めていたが、防衛省は今年１月、新型護衛艦について価格の上限を設定した上で、設計の技術評価で決定する随意契約に変更。審査で１位の企業が８隻を建造するが、このうち２隻は２位となった企業に「下請け」として参加させ、事実上建造させることにしたのが大きな特徴だ。

複数の防衛省幹部によると、新型護衛艦を設計、建造する能力があるのは実質的に三菱重工業とジャパンマリンユナイテッド（ＪＭＵ）の2社だけ。新制度は、審査でどの企業が1位になっても、必ずもう一つの企業も参加できる仕組みになっている。

背景にあるのは15、16年度のイージス艦受注で三菱重工が連続してＪＭＵに敗れたことだと、複数の幹部は証言する。イージス艦はそれ以前の6隻のうち5隻を三菱重工が建造していたため、結果は大方の予想に反した。ＪＭＵはほかにも、海上自衛隊が所有するヘリコプター搭載の「空母型」護衛艦4隻の建造を全て担っている。

「護衛艦建造から撤退をにおわせて〝配慮〟を迫る三菱重工に、防衛装備庁の渡辺秀明長官が部下に命じて考え出したのが新方式」（防衛省幹部）だという。別の幹部は「防衛産業基盤を弱体化させないよう、2社体制維持が至上命令だった。やむを得ない」と話す。

新方式について、防衛省は財務省や公正取引委員会に了解を得ているとする。一方で、自民党国防族の議員や防衛省幹部からは「不透明な契約方式で談合を誘発しかねない」「三菱重工の要求に応じた救済策だ」などと批判が相次いでいる。

防衛装備庁によると、3月末の締め切りまでに、三菱重工とＪＭＵなど3社が応募。今後3社が提案書を提出し、7月の概算要求までに契約社と下請けを決定する。

新型護衛艦は、中国の海洋進出に対応するため、機雷掃討など多様な任務に対応できるコンパクトな護衛艦。4千トン級でステルス性もある。乗員130人と省力化し1隻500億円以下を求めている。最終的には11年間で毎年2隻ずつ計22隻を建造する予定だ。

2018年09月17日　02：00：00　共A3T0465社会020S　【●指定】

## 多国籍軍に陸自派遣検討

シナイ半島の停戦監視　安保法で可能に　年明け以降、司令部要員

【編注】朝刊メモ（48）の（ア）、本記、独自ダネ、解禁（電子メディアは17日午前2時）、地図、政治部、外信部、海外部注意

政府が安全保障関連法の施行で可能となった「国際連携平和安全活動」を初適用し、エジプト・シナイ半島でイスラエル、エジプト両軍の停戦監視活動をする「多国籍軍・監視団」（MFO）に、陸上自衛隊員の派遣を検討していることが16日、分かった。複数の政府関係者が明らかにした。政府は年内にも首相官邸、外務省、防衛省による現地調査団を

派遣。安全が確保できると判断すれば、年明け以降に司令部要員として陸自幹部数人を派遣する意向だ。

安保法に含まれる改正国連平和維持活動（ＰＫＯ）協力法は、ＰＫＯと活動内容が似ているものの国連が統括せず、国際機関などの要請に応じて自衛隊を派遣する国際連携平和安全活動を初めて認めた。ＰＫＯ参加5原則が準用される。

同法で認められた、武装集団に襲われた国連要員らを救出する「駆け付け警護」と宿営地の共同防護は南スーダンＰＫＯで新任務として付与されており、ＭＦＯへの派遣で自衛隊の活動範囲がさらに広がることになる。

自衛隊の海外派遣を巡っては２０１７年5月に南スーダンＰＫＯから陸自部隊が撤収。現在は09年から続くアフリカ東部ソマリア沖アデン湾での海自、陸自による海賊対処活動と、南スーダンＰＫＯへの陸自幹部数人の司令部要員にとどまる。

「積極的平和主義」を掲げる安倍政権は、目に見える「国際貢献」として、自衛隊の新たな海外派遣先を模索していた。

米国中心のＭＦＯは１９７９年のエジプト・イスラエル平和条約に基づき、82年からシナイ半島に展開する。エジプト、イスラエル両軍の展開や活動状況の調査、停戦監視が主要な任務。現在、米、英、仏、伊、豪など12カ国、約1200人の軍人が派遣されている。日本は88年以降、財政支援を行っている。

2019年08月19日　02：00：00　共A3T0463社会044S　【●指定】

## 中国機、海自艦標的に訓練

政府判断、抗議せず非公表　探知・分析能力秘匿を優先　東シナ海で5月

【編注】朝刊メモ（56）の（ア）、本記、独自ダネ、解禁（電子メディアは19日午前2時）、資料写真、地図、長崎、鹿児島、那覇、政治部、外信部、海外部注意、石井暁

---

東シナ海の公海上で5月、中国軍の戦闘機が海上自衛隊の護衛艦を標的に見立てて攻撃訓練をしていた疑いの強いことが18日、分かった。複数の日本政府関係者が証言した。政府は不測の事態を招きかねない「極めて危険な軍事行動」と判断したが、自衛隊の情報探知、分析能力を秘匿するため、中国側に抗議せず、事案を公表していない。現場での偶発的軍事衝突の懸念があり、緊急時の危機回避に向けた仕組み作りが急がれる。

日中関係は、政治的には改善が進む一方、東シナ海では中国によるガス田の単独開発や公船の領海侵入が続き、日本が抗議を繰り返している。今回の中国機の行動は、東シナ海の軍事的緊張の一端を浮き彫りにした形だ。

政府関係者の話を総合すると、日中中間線の中国側にあるガス田周辺海域で5月下旬、複数の中国軍のＪＨ７戦闘爆撃機が、航行中の海自護衛艦2隻に対艦ミサイルの射程範囲まで接近した。中国機は攻撃目標に射撃管制レーダーの照準を合わせ自動追尾する「ロックオン（固定）」をしなかったため、海自艦側は中国機の意図には気付かなかった。

別に陸、海、空自衛隊の複数の電波傍受部隊が中国機の「海自艦を標的に攻撃訓練する」との無線交信を傍受。その後、この交信内容とレーダーが捉えた中国機の航跡、中国機が発する電波情報を分析した結果、政府は空対艦の攻撃訓練だったと判断した。政府内には挑発との見方もある。

日本政府は直後に「極めて危険な軍事行動」と判断し、海自と空自の部隊に警戒監視の強化を指示したが、情報を探知し、分析する能力を隠すため、中国側への抗議や事案の公表を差し控えた。

日中両政府は２００８年に東シナ海のガス田を共同で開発することで合意したが、交渉は沖縄県・尖閣諸島沖で10年に起きた中国漁船衝突事件を受けて中断。中国は一方的に単独開発を進めている。13年には中国海軍の艦船が海自の護衛艦に射撃管制レーダーを照射したとして日本政府が中国に厳重抗議する事案が発生している。

2020年07月18日 17:55:51 共A3T0565社会052S

## 対中国機、即時に緊急発進

東シナ海上空を常時警戒　空自の尖閣対応強化　軍事的緊張高まる

【編注】朝刊メモ（1）の（ア）、本記、独自ダネ、資料写真、地図、那覇、政治部、外信部、海外部注意

沖縄県・尖閣諸島を巡る日本と中国の激しいせめぎ合いを踏まえ、防衛省が航空自衛隊の緊急発進（スクランブル）の基準を見直し、昨年の早い段階から中国・福建省の航空基地を離陸する全戦闘機に対し、即時に空自那覇基地の戦闘機を発進させるなど、大幅に対応を強化していることが18日、複数の政府関係者の話で分かった。中国軍機の動向を監視す

るため、空自警戒機が日の出から日没まで、東シナ海上空を飛行していることも新たに判明した。

防衛省は従来、レーダー上で明らかに領空侵犯の恐れがある場合のみ、空自戦闘機を緊急発進させていた。中国軍機の動向を監視するため、日中間の軍事的緊張が高まっており、偶発的な衝突回避に向けた両国の対話が急務となっている。

関係者の話を総合すると、北緯25度と26度の間にある尖閣諸島の領空に中国機を侵入させないため、空自は北緯27度を「防衛ライン」に設定。このラインを越えて南下する中国軍機が近年急増し、防衛省は中国軍機1機に空自戦闘機2機で対応していたのを4機に増強するようになった。

一方、中国軍は浙江省にあった戦闘機の発進基地を、より尖閣諸島に近い福建省に変更し、J11など近代的戦闘機の配備も急速に進めている。

那覇基地から尖閣諸島までの距離は約410キロあり、所要時間はF15戦闘機で約25分。一方、福建省の基地から尖閣までは約380キロ、J11戦闘機で二十数分と時間も短い。このため福建省の基地を飛び立つ全戦闘機に対し、那覇基地から即時に緊急発進して、尖閣周辺の領空侵入を阻止する必要があると判断した。

防衛省によると、中国軍機へのスクランブルは２０１８年度が６３８回、19年度は６７５回だった。
中国戦闘機の動きを瞬時に把握、対処するため、空自は宮古島分屯基地（沖縄県宮古島市）のレーダー、電波探知機などを活用。Ｅ２Ｃ早期警戒機や空中警戒管制機（ＡＷＡＣＳ）を最低１機、夜間を除いて東シナ海上空に常時投入し、情報収集と警戒監視に当たっている。

２０２１年01月23日　17：31：28　共Ａ３Ｔ０６７７社会０５５Ｓ

## 自衛官に私的戦闘訓練

特殊部隊元トップが指導　法抵触か、過激思想も

【編注】朝刊メモ（83）の（ア）、本記、独自ダネ、写真、地図、津、政治部、外信部、文化部、海外部注意

陸上自衛隊特殊部隊のトップだったＯＢが毎年、現役自衛官、予備自衛官を募り、三重県で私的に戦闘訓練を指導していたことが23日、関係者の証言などで分かった。訓練は

昨年12月にも開催。現地取材で実際の訓練は確認できなかったが、参加者が迷彩の戦闘服を着用しOBが主宰する施設と付近の山中の間を移動していた。自衛隊で隊内からの秘密漏えいを監視する情報保全隊も事実を把握し、調査している。

自衛官が、外部から戦闘行動の訓練を受けるのが明らかになるのは初めて。防衛省内には、職務遂行義務や守秘義務などを定めた自衛隊法に触れるとの指摘がある。OBは作家の故三島由紀夫が唱えた自衛隊を天皇の軍隊にする考え方に同調するなど保守的主張を繰り返しており、隊内への過激な政治思想の浸透を危惧する声も出ている。

関係者によると、訓練を指導するのは、テロや人質事件などに対応する陸自唯一の特殊部隊で2004年に発足した「特殊作戦群」の初代群長を務めた荒谷卓《たかし》・元1等陸佐。自衛隊を退職後の18年11月、三重県熊野市の山中に戦闘訓練や武道のための施設を開設。直後の同年12月、19年4月、20年12月と現役自衛官、予備自衛官を募り「自衛官合宿」と称し戦闘訓練を続けてきた。

同施設のホームページに掲載された20年の募集要項によると、「真に国を愛する自衛官が、自衛隊ではできない実戦的訓練をする場」と説明。訓練内容を「チームビルド」（部隊編成）、「プランニング」（作戦計画）、「オペレーション」（作戦行動）など――としている。

20年12月26～30日の日程で開催された合宿には十数人以上が参加。人目を避けるためか、日没近くになると迷彩服に着替え乗用車に分乗し、施設から訓練を行う山林に向かっていた。荒谷氏は取材に応じなかった。

三島は1970年、憲法改正に向けた自衛隊の決起を促し、駐屯地に押し入り、割腹自殺した。59年生まれの荒谷氏は雑誌のインタビューなどで三島を信奉していると公言。「三島精神に感化された」と語り、三島が結成した学生らの民間防衛組織「楯の会」と同様の組織の必要性も訴えている。

防衛省幹部の一人は「元群長にはカリスマ性があり（元群長と参加した自衛官の関係は）三島と楯の会に酷似している」と指摘する。

２０２２年07月25日　19：52：48　共Ａ３Ｔ１６０８社会１２３Ｓ

# 東シナ海で戦闘機大量飛行

米軍圧力強化、中間線越え　中国本土接近も、緊張懸念

【編注】朝刊メモ（88）の（ア）、本記、独自ダネ、修正電文＝併用写真図に写真を追加、差し替え電文（社会１０２Ｓ）、写真、地図、山口、鹿児島、那覇、政治部、外信部、海外部注意

米軍が東シナ海で６月下旬から約１週間にわたり、大量の戦闘機を飛行させ、一部は日中中間線を越えて中国本土に接近していたことが25日、複数の日本政府関係者などへの取材で分かった。中国軍も戦闘機の飛行で対抗し、米軍に対し「挑発すれば反撃に遭う」と警告した。日本にも米軍から事前通告があった。航空自衛隊の戦闘機は参加せず、周辺で空中警戒管制機（ＡＷＡＣＳ）やＥ２Ｃ早期警戒機が警戒監視に当たった。

今回の作戦は軍事圧力を強化し、中国海軍、空軍による台湾周辺を含めた東シナ海から太平洋への活動拡大を押し返す狙い。これまで日米と中国の双方は、事実上の境界線となっている中間線をまたいで戦闘機が飛行するのを避けてきた。米軍が従来の原則から踏み出したことで、日米と中国間の緊張関係がエスカレートし、軍事衝突の危険が高まる恐れが

ある。

バイデン米大統領は、中国の習近平国家主席と近日中に会談する見通しだと明らかにしており、衝突回避策も議題になるとみられる。

複数の日本政府関係者などの証言によると、作戦の開始は6月24日。戦闘機は、沖縄県・嘉手納基地のF15や山口県・岩国基地のF35B、同じ岩国のFA18戦闘攻撃機が入った。米国から岩国に派遣されたF22やF35Aなども加わった。

米軍機は2機編隊で、韓国・済州島の南方から沖縄県・尖閣諸島北方にかけての日中中間線付近を飛行。1日に7〜8個編隊が出動し、尖閣北方の中間線手前で空中給油をするケースも多く、飛行したうち「10%程度」が中間線を越えたという。中国軍は福建省の基地などからJ20戦闘機などがスクランブルした。

米軍は日本側への事前通告で「最大級の圧力を加える作戦を実行する」と説明。日本政府高官は「米軍による史上最大の対中示威行動だった」と指摘する。中国軍は米軍の圧力に押され気味だったとしている。米軍は中国軍の対応能力を探る目的もあったという。

米軍制服組トップのミリー統合参謀本部議長と中国軍の李作成統合参謀部参謀長は7月7日に電話会談。この時期には作戦は終わっており、李参謀長は「挑発すれば、必ず中国人民の毅然たる反撃に遭う」と警告した。

2022年12月09日 18:31:09 共A3T1218社会120S

# 防衛省が世論工作研究着手

AI活用、SNSで誘導 憲法抵触の懸念も 情報戦、対処力向上で

【編注】朝刊メモ(1)の(ア)、本記、独自ダネ、図解(世論誘導工作のイメージ)、政治部、外信部、海外部注意

---

防衛省が人工知能(AI)技術を使い、交流サイト(SNS)で国内世論を誘導する工作の研究に着手したことが9日、複数の政府関係者への取材で分かった。インターネットで影響力がある「インフルエンサー」が、無意識のうちに同省に有利な情報を発信するように仕向け、防衛政策への支持を広げたり、有事で特定国への敵対心を醸成、国民の反戦・厭戦の機運を払拭したりするネット空間でのトレンドづくりを目標としている。

防衛省が姿を隠したまま世論誘導を図るのは、一般の投稿を装い宣伝する「ステルスマー

ケティング（ステマ）」の手法と重なる。同省は「企業のコマーシャル技術と同じで違法性はない」と説明するが、研究であったとしても、憲法が保障する個人の尊重（13条）や思想・良心の自由（19条）に抵触する懸念があり、丁寧な説明が求められる。

中国やロシアなどは、人間心理の操作やかく乱を図る「情報戦」に活発に取り組む。防衛省は、戦闘形態を一変させるゲームチェンジャーになるとみて、日本も、この分野の能力獲得が必要だと判断した。改定される安全保障関連3文書にも、情報戦への対処力向上を盛り込む。

複数の政府関係者によると、防衛省が構想する世論操作は、まずＡＩ技術を駆使してＳＮＳにあふれる大量の「ビッグデータ」を収集・分析し、どのような対象に工作をするのがふさわしいかなどの全体計画を策定。ネットで発信力があり、防衛問題でも影響力がありそうなインフルエンサーを特定する。

さらに、インフルエンサーが頻繁に閲覧するＳＮＳやサイトに防衛省側の情報を流し、インフルエンサーが無意識に有利な情報を出すよう仕向けるという。防衛省が望むトレンドができれば、爆発的な広がりになるようＳＮＳで情報操作を繰り返す。

２０２２年度予算の将来の装備品を検討する調査研究費を充てた。９月に委託企業公募の入札を実施。10月に世界展開するコンサルタント会社の日本法人に決定した。この会社は米軍の情報戦活動にも携わる。研究は23年度以降も3年間ほど続ける。

2024年02月04日　16:43:57　共A3T0458社会021S

## 「中国」明示し日米初演習

台湾有事の作戦計画反映へ　強い危機感、特定秘指定か

【編注】朝刊メモ（3）の（ア）、本記、独自ダネ、写真、図解（日米共同作戦計画策定の流れ）、政治部、外信部、海外部注意、石井暁

自衛隊と米軍が実施中の最高レベルの演習で、仮想敵国を初めて「中国」と明示していることが4日、複数の政府関係者への取材で分かった。仮称を用いていた過去の演習と比べ、大きく踏み込んだ想定にした。演習はコンピューターを使用するシミュレーションで、シナリオの柱は台湾有事。防衛省は特定秘密保護法に基づき、シナリオを特定秘密に指定したもようだ。数年以内に中国が台湾に武力侵攻するのではないかとの懸念は高まってお

り、今回の敵国名変更は日米の強い危機感の表れといえる。

日米間には有事を想定した共同作戦計画が複数存在する。このうち、台湾有事に関する作戦計画の原案は昨年末に完成した。キーン・エッジと呼ばれる今回の演習の結果を原案に反映させ、今年末までに正式版を策定する予定。2025年ごろに部隊を実際に動かす演習（キーン・ソード）を実施し、作戦計画の有効性を検証する流れだ。

情報が漏れた場合の反発を避けるため、自衛隊と米軍はこれまで、演習で中国や北朝鮮などを仮称にしていた上、地図も実物とは地形などが微妙に異なる架空の物を使ってきた。今回の演習日程は1～8日。敵国名だけでなく、地図も実物を採用している。防衛省は陸海空自衛隊を束ねる常設の「統合作戦司令部」（JJOC）を24年度に東京・市谷に設置する。演習では、実戦に沿うよう仮のJJOCを立ち上げ、米インド太平洋軍司令部との間で作戦や指揮を調整。オーストラリア軍も初めて参加しており、台湾有事にどう関与するのかを確認している。

日米が共同で行う統合演習は1986年に始まった。日本への武力攻撃事態などへの対処が目的で、キーン・エッジとキーン・ソードをほぼ1年置きに実施している。防衛省制服組トップの吉田圭秀《よしひで》統合幕僚長は1月25日の記者会見で今回の演習に関し「特定の国や地域を想定したものではない」と説明していた。

2024年11月24日　17：30：02　共A3T0407社会023S

## 台湾有事でミサイル網構築

対中、日米共同作戦策定へ　南西諸島と比「戦域化」　住民巻き込まれも

【編注】朝刊メモ（57）の（ア）、本記、独自ダネ、写真、資料写真、地図、鹿児島、那覇、政治部、外信部、海外部注意

台湾有事の際、米軍がミサイル部隊を南西諸島とフィリピンに展開させ、軍事拠点を設ける方針であることが24日、分かった。自衛隊と米軍は12月中に台湾有事を巡り初の共同作戦計画策定を目指しており、ミサイル部隊の展開方針を盛り込む。台湾の武力統一を排除しない中国に対抗する日米の基本構想が明らかになった。有事が起きれば広大なエリアが「戦域化」し、中国による部隊拠点への攻撃で周辺住民が巻き込まれ、犠牲となる恐れがある。日米関係筋への取材で判明した。

関係筋によると、鹿児島県から沖縄県の南西諸島に展開するのは、高機動ロケット砲システム「ハイマース」などを保有する米海兵隊の「海兵沿岸連隊（ＭＬＲ）」。台湾有事の切迫度が高まった初期段階で、小規模部隊の分散展開を柱とする運用指針「遠征前方基地作戦（ＥＡＢＯ）」に基づき、有人島に臨時拠点を設ける。自衛隊は弾薬や燃料の提供など後方支援を担うとみられる。

フィリピンには宇宙やサイバー空間、電磁波に対処する米陸軍の多領域任務部隊「マルチ・ドメイン・タスク・フォース（ＭＤＴＦ）」傘下のミサイル部隊を置く。

米国とフィリピン両政府は昨年2月、米軍が使用できるフィリピン国内の基地を新たに4カ所増やし、計9カ所とすることで合意しており、台湾有事の際にはこれらの基地が拠点となる見通し。

作戦では、南西諸島とフィリピンを結ぶ「第1列島線」に沿ってミサイル網を設け、2方向から中国艦艇などの展開を阻止する構想。その後、戦闘機などを搭載する米空母を派遣し、海空域で優勢を確保する。

日米は今年2月、台湾有事をテーマにしたシミュレーション演習「キーン・エッジ」で、作戦計画案に基づいた米軍の部隊展開を確認。課題を検証するなどしていた。

日本はこれまでフィリピンに防空レーダーを輸出した他、沿岸監視レーダー5基の供与も発表した。7月には自衛隊とフィリピン軍の相互往来を容易にする「円滑化協定（RAA）」に署名するなど「準同盟化」を進めている。

# 第7章 特定秘密と報道の使命

## 防衛省取材30年

――2014年12月に特定秘密保護法が施行されてから10年が経過しました。その前年、安倍政権が法案を国会にかけた際には大きな反対運動が起き、多くの問題点が指摘されました。施行から10年、私たちの知る権利にどのような影響が出ているのか、実際の運用がどうなっているのか、検証したいと思います。石井暁さんは共同通信の防衛省担当記者として、長きにわたって防衛省・自衛隊をめぐる取材を続け、数多くのスクープ記事を出してきました。そのスクープには防衛機密・特定秘密に関わる内容が少なくありません。まず、自己紹介も兼ねて防衛省取材をされてきた経過をお聞かせください。

1985年に共同通信に入社したので、新聞記者になって今年〔2024年〕でちょうど40年が経つことになります。1994年から、防衛省の――当時は防衛庁でしたが――担当になりました。それ以来30年間、防衛省・自衛隊の取材をしてきたことになります。高校や大学の時代から憲法問題、特に第9条については関心があり、自衛隊について本を読んだり、友人らと議論をしたりしていました。記者になってからも、防衛省の担当になりたいと自ら希望して担当になりました。

――30年、ある特定の省庁を担当して取材しつづけるというのは、非常に珍しいのではないでしょうか。

あまり例はないかもしれませんね。共同通信の中でも、たとえば厚生労働省や財務省の担当だけ30年、という記者はいません。編集委員として特定の分野について専門的に取材を深めて、連載記事などを書いていく記者はいますが、担当として現場での取材を長期間にわたって続けるケースは、あまりないと思います。レアケースではありますが、防衛省や自衛隊にこだわって取材していきたいということは会社に訴えてきました。

## 日米共同作戦計画案をスクープ

――石井さんは独自取材で数多くのスクープを出してきたわけですが、近年では、自衛隊と米軍が「台湾有事」を想定して共同作戦計画を作成していることを記事にしています。

「台湾有事」の際、沖縄や鹿児島の南西諸島に米軍が臨時拠点を設けることを日米共同作戦計画の原案に盛り込んだという記事ですね。２０２１年12月24日、クリスマスイブの各紙朝刊に掲載されました。特に沖縄の地方紙２紙、鹿児島の南日本新聞には１面トップで掲載され、大きな反響がありました。

この計画の中には、「有事」の初動段階で、アメリカの海兵隊が南西諸島に分散して臨時の軍事拠点を置き、そこに対艦、対空ミサイル部隊を展開して、洋上の中国軍艦艇、航空機の排除に当たる、といったことが記されています。そして自衛隊は米軍の後方支援に当たることになっています。

この計画内容によれば、当然、それらの島の地域住民が巻き込まれる危険性はとても高いわけです。南西諸島には約２００の島があるとされていますが、その中で米軍の臨時拠点とされる可能性があるのは、水道のある40の島とされています。基本的に、米軍と自衛隊は軍事組織なので、それらの拠点とされる島に住民が住んでいる、生活しているということはまったく眼中にありません。

住民にとってみれば自分たちの生命と生活に関わる重大な問題ですから、自衛隊がどのような計画を持っているのか、それがたとえ軍事的な秘密であるとしても、住民や自治体には当然、知る権利があります。

沖縄県や鹿児島県などは記事にすぐ反応し、特に沖縄県の玉城デニー知事は政府と防衛省に説明を求めるというコメントを出しました。県民の間でも、これは自分たちにとって大問題だということで「ノーモア沖縄戦　命どぅ宝の会」という市民団体が結成され、幅広い人たちが参加して今も活発に活動しています。

## 特定秘密と「知る権利」

――こうした内容は、政府・防衛省にとっては表に出したくない性質のものと思います。それでも報道していく意味はどういった点にあるのでしょうか。

軍事組織である自衛隊に、ある程度の秘密が存在するのはやむをえないということは理解できなくはないです。たとえば戦闘機の性能だとか、戦車の装甲の厚さなどの情報は僕らが知っても仕方がないし、書いても意味がない。しかし、そういった本当の意味での軍事的な秘密事項以外については、市民には知る権利があると思いますし、記者として取材し、事実を報道していくべきだと思っています。たとえそれが特定秘密保護法で指定される特定秘密にあたる可能性があっても、です。

先ほどの記事で言えば、共同作戦計画案などは特定秘密に指定されている可能性があるでしょうが、地域住民の生命が巻き込まれる計画である以上、住民には知る権利があり、取材を恐れてはならないということです。

## メディア内部の雰囲気

――特定秘密保護法にいう「特定秘密」については、「その漏えいが我が国の安全保障に著しく支障を与えるおそれがあるため、特に秘匿することが必要であるもの」が指定され、この「特定秘密」を漏らした人は最高で懲役10年、未遂や過失も、あるいは共謀や教唆も処罰される、とされています。この法律ができて10年が経ち、石井さんが取材し報道してきた分野で、報道や取材を躊躇する気持ち、あるいはメディアの中にそうした雰囲気はありますか。

それは、ありますね。これは共同作戦計画とは別の記事のときですが、特定秘密が含まれうると思われる内容を記事にしたときは、編集局の上層部とも相談し、たとえ不測の事態が起きても情報源を守ることができるような対処をいろいろと行いました。特定秘密保護法ができてからは、やはりこうした点で緊張を強いられます。

特定秘密保護法ではメディアの取材活動について、「もっぱら公益を図る目的があって、法令違反または著しく不当な方法でない限り」は処罰されないということが規定されてはいるのですけれども（法律22条2項）、それはあまりにも茫漠としているので、それにより報道の自由が守られるのかは政府の姿勢しだいではないか、という疑念があります。

ここで言われている「不当な方法」というのも、誰がどこで判定するのかという疑念があります。毎日新聞の西山事件のときの「情を通じて」情報をとったということが念頭にあるのでしょうが、それでは、酒を一緒に飲んでいて酩酊状態になった相手から特定秘密にあたる情報をとったという場合はどうか。昼間、役所で話していて向こうから秘密の情報を話してくるなんてこと、普通はありませんからね。結局、取材方法が不当なものか、そうでないのか、検察の認定しだいでどうにでもなってしまうのではないかという恐れがあります。

また、たとえば私が正犯ではなく、情報を漏らすよう唆《そそのか》した教唆犯として、令状を取って家宅捜索してくるということも、可能といえば可能です。私のほうは公益性を持った正当な方法による取材だとされたとしても、情報を漏らした側のほうを捜査する一環としてこちらにも捜査が及んでくるかもしれない。それは非常に怖いですよね。

もちろん、秘密保護法ができる前から、情報源については、取材ノートでも何でも、私以外の人間には分からないような形にするなどの対処はしています。それでも割り出されてしまう危険性はあります。そんなことになったら、情報源は最高で懲役10年ですから、そこは本当に怖い。

これはあまり詳しくは言えませんが、私の書いた記事をめぐって、誰が情報を漏らしたのかということを政府内部の関連部署で調査票を回して調べる動きがあったということを聞いています。共同通信の石井という記者を知っているか、二人で会ったことがあるか、といったことを調べていたようです。それが私の耳に入るということ自体、一種の脅しですが、実際にそういう動きはあるのだろうと思います。これは当然、内部情報を教えてくれた人にとっても大きなプレッシャーになります。

繰り返しになりますが、秘密保護法は最高で懲役10年ですから、このプレッシャーは、取材する側にとっても取材される側にとっても、とても大きいです。取材相手に話を聞いていて、私の質問に、「それ、特定秘」って言われてしまうと、もうそれから先は話ができなくなってしまう。その言葉の意味は、それは特定秘密だから、それを自分が喋ったら下手したら懲役10年だよ、お前も教唆に問われることがあるかもしれないよ、だからこれ以上は聞くな、ということです。そこでもう話は終わりです。

秘密保護法ができる前と後で、防衛省と自衛隊がどう変わったか、若い世代も増えてきてそれを比較することができる記者はあまりいないと思いますが、秘密保護法によって雰囲気が変わり、取材がやりにくくなっているということは間違いなく言えます。

――年を追うごとに厳しくなっているという感じですか。

厳しくはなっていると思いますが、やはり2014年に秘密保護法が施行された直後の変化が一番大きかったですね。一気に厳しくなったと思います。

## それでも情報はとっていく

——しかし、そうした状況の中でも、石井さんに情報を寄せる関係者がいるということは特筆すべきですね。当然、取材の努力があってのことでしょうが。

情報を教えてくれる人にはいろいろなタイプの人がいます。自分は防衛省に籍を置いているけれども、いま内部で起きていることは本当におかしいと思って話してくれる人も少なからずいますし、取材の中で思わず話してしまうという人もいます。そういう場合でも、こちらも「書かないから」と言って取材しているわけではないですし、その人の名前を書くわけでもないので、公益性があれば記事にします。もちろん、話してくれた人に不利益が及ばないようにすることは絶対的な条件ですが。

幸い、これまでの記者人生の中で情報源を割り出されてしまって迷惑をかけた、ということはありませんでした。

誰だって危ない橋を渡りたいわけではないでしょうが、これだけ沖縄をはじめ各地で基地の強化や軍拡が進み、自衛隊の米軍との一体化が進められているわけですから、もう開き直って取材していくしかないと思うんですよね。この仕事を選んでしまって、防衛省や自衛隊を取材する以上は、秘密保護法があるからといって怯《ひる》んでいては仕事にならない。

特定秘密保護法は外交・防衛・テロ防止・スパイ防止の4分野が対象ですから、関わるのは基本的に防衛省・自衛隊と警察庁と外務省でしょう。その担当となった以上は、ぎりぎりのところで取材していくしかない。秘密保護法を恐れるあまりに取材ができない、記事が書けないというのでは、私たちの存在する意味がなくなってしまいます。

安倍政権が行った安全保障関連法の制定、それに付随する特定秘密保護法制定、NSC（国家安全保障会議）設置、武器輸出3原則撤廃と防衛装備移転3原則の決定、そうした方向を引き継いだ岸田政権による安全保障関連3文書の策定、GDP比2％への防衛費増額、そして敵基地攻撃能力の保有と、日本は本当にこの10年間で戦争ができる国になってしまいました。だからこそ、いま防衛省と自衛隊をジャーナリズムが監視していくことがとても大事だと思っています。取材する側にも覚悟は必要です。

## メディア組織の対応

――特定秘密保護法のもとで取材し記事を出していくうえでは、メディア組織としても対応が迫られる場面が出てくるかと思いますが、その点はどうでしょうか。

10年前、特定秘密保護法が成立して施行されるまでの間に、どこのマスメディアも同じだと思いますが、共同通信でもマニュアルをつくっています。特定秘密保護法のもとでの報道に際して注意すべき点、ということですね。そこには、この法律ができたからといって怯むことは一切なく、報道の責任を果たしていく、といったことが書かれています。原則としてはそうだということは組織内で共有されていると思うのですが、ただ、どこの取材現場でも、最終的にはやっぱり人が回していくものなので、その意識が強い人もいればリスク管理の視点が強い人もいるでしょうね。特に記事の内容が特定秘密に近づけば近づくほど、リスク管理の意識が強まってくる印象はあります。そこは対策上、ある程度は必要だろうけれど、あまりそれが強くなると、当然、副作用も出てきます。

――報道の責任ということがまずあって、ある程度のリスク管理をしながらも記事を出していくということならばいいのですが、そのバランスが崩れると記事自体が出なくなっていきはしないかと感じます。

そうなるとメディア側の自己規制ということになってきてしまいますね。

今年（2024年）2月に、日米が初めて中国という国名を明示して共同演習を行ったという記事を出しました。これについては、演習そのものが特定秘密に指定されていたということがあり、記事を出すうえでかなり深刻なやりとりを社内でも行いました。

日米の軍事組織当局者の間で「台湾有事」に対する危機感や切迫感が高まってきて、日米の共同演習でもシナリオをかなりリアリティのある形にしているわけです。地図も昔は架空の地図を使っていましたが、もうこの時には実際の地図を使っている。だから相手が中国だと明示するしかない。そこで、演習そのものを特定秘密に指定せざるをえないという流れです。

この時は記事を出せましたが、当局を刺激するかもしれない記事について、危ないから手を引こうとなってしまうと、権力の監視や国民の知る権利への奉仕ということはもう関係なくなってしまって、ジャーナリストというよりサラリーマンとして大過なく生きていこうということになってしまいます。

メディアの全体的な状況もかなり変わってきています。私が共同通信に入社した1985年、国家秘密法案が国会に出されました。当時はスパイ防止法と呼ばれていましたが、あの時は全国紙すべてが反対の声を上げ、学者や弁護士会などもこぞって反対し、廃案に追い込みました。しかし、特定秘密保護法の時は、法律としては共通する問題を持っているにもかかわらず、メディアの対応は分かれました。

特定秘密保護法は、安倍政権が進めた戦争のできる国づくりにとって、重要な一部分を担っています。重要度で言えば集団的自衛権の行使容認をした安保法制が核心ですが、戦争の際の最高指導会議が国家安全保障会議で、そこがアメリカを中心とした国と情報交換を行ううえで必要だからということで特定秘密保護法をつくった面があります。この法律がないとアメリカが機密情報を日本に提供してくれない。その意味で、特定秘密保護法と国家安全保障会議の設置はセットでつくられたものです。全体として、アメリカの軍事作戦に日本が参加していく流れの中で整備されてきた法律の一つと言えるでしょう。

来年（2025年）の3月には自衛隊に統合作戦司令部がつくられ、在日米軍の統合軍司令部と一緒になって共同作戦計画などの準備をしていくことになります。先ほどお話しした私の2本の原稿も、まさに日米共同作戦計画に関する内容です。米軍が絡んでくるだけに取材のハードルは非常に高いですが、取材を続けていきたいと思います。

## 防衛省・自衛隊をチェックしつづける

――安倍政権以降の一連の流れの中で、防衛省や自衛隊の雰囲気は変わってきているでしょうか。

特定秘密保護法の制定などによる影響はありますが、官僚の意識に大きな変化が出ているかといえば、それは現時点ではあまり感じません。報道の自由は国民の知る権利に奉仕する大事なものであり、報道機関の使命の一つは権力監視だということを理解している背広組の防衛官僚、自衛隊の制服組幹部は一定数、確実にいます。もともと防衛官僚といっても、他の省庁の官僚とあまり変わりませんし、そういう常識を持った人が多いです。

制服組については、防衛大学校が、民主主義社会の中の軍事組織がどうあるべきかという点で、基本的に憲法の考えに沿った教育を行ってきたことも大きいと思います。だから制服の幹部自衛官の中にも国民の知る権利や報道の自由、報道の社会的役割について理解をしている人がいます。もちろん、靖国集団参拝にこだわるような旧日本軍的メンタリティに近い幹部もいるにはいるのですが、それが主流ということにはなりません。また、体感的には、安倍政権を経たからといって、そういうメンタリティの人が増えたという印象はありません。

民主主義社会における取材活動について、戦前のように「敵に通じるスパイ」や「利敵行為」のように認識するような人が防衛省で増えてしまうと、国民の知る権利という点できわめて危機的な状況になってくるでしょう。そういう人の中には、メディアを政府に協力的なメディアとそうでないメディアに分けて、露骨に接し方を変えるような人もいます。いまはそういう人が多数ではないにしても、特定秘密保護法のような法律ができているいま、特に注意が必要だと思います。

私は、自衛隊内につくられていた秘密の諜報部隊である「別班」について関係者から長く取材し、本にもしたのですが（『自衛隊の闇組織——秘密情報部隊「別班」の正体』）、その最初の報道は、特定秘密保護法が国会を通過する前に、その議論の材料にしてほしいということで急いで記事にしたのです。

特にこの「別班」については、特定秘密保護法が施行された後だったら、ただでさえ重かった関係者の口がさらに重くなり、おそらく記事にできるまでの取材は不可能だっただろうと思いますね。

いま、状況は厳しくなってきていますが、ジャーナリズムの最大の使命は権力の監視だということを頭において、これからも取材していきたいと思っています。

――本日はありがとうございました。

（２０２４年10月28日、地平社にて。初出：『地平』２０２５年１月号）

解説
ジャーナリズムの教材
青木 理
琉球新報
辺野古に陸自離島部隊
米海兵隊と極秘合意
文民統制逸脱か
沖縄タイムス
南西諸島に攻撃拠点
米軍、台湾有事で展開
住民巻き添えの可能性
福井新聞
信濃毎日新聞
世論工作研究
長崎新聞
西沢氏、隈氏、安藤氏に続き藤本氏
名建築家作品 林立へ
十和田中心街 観光素材
中国機 海自艦標的に
防衛省が世論工作研究

本書中にも記されているとおり、著者の石井暁氏はこれまで約40年にわたって通信社の記者として活動し、そのうちの30年以上を防衛問題や防衛省・自衛隊の取材に費やしてきたベテランの専門記者である。ちなみに、その通信社は私の古巣でもあり、石井氏はかつての先輩記者にあたる。

だから――というわけでは断じてない。防衛問題を主なフィールドとして防衛省・自衛隊を取材しているジャーナリストは、大小を問わぬメディア組織に属している者もフリーランスも数多いるが、石井氏はそのなかで頭抜けた存在だと確信を持って断言できる。防衛問題や防衛省・自衛隊を継続取材している記者として最も信頼できる存在であり、言葉の真の意味でのジャーナリスト――と評しても構わないとすら思う。

こうした評が古巣の先輩であるがゆえの世辞や追従でない理由から本文を書きおこしてみたい。ひょっとするとそれは、本書の「解説」として最も相応しいものになるかもしれない。

まず、これは別に取材対象が防衛省・自衛隊に限った話ではないのだが、特定の組織や対象を長期にわたって取材していると、往々にして取材者の眼は曇り、ペンは鈍りがちになる。凡百の取材者であればあるほど、その傾向は一層強まるように思われる。

心情的には理解できなくない面もある。特定の組織や対象を長期的に継続取材していれば、その対象と近しい関係になり、対象組織の内部に知己や気脈を通じた者も増える。それはまさに貴重な情報源となり、時にディープな内部情報をもたらしてくれる。

他方、対象と近しくなったり対象組織の内部に知己や気脈を通じた者が増えれば増えるほど、そうした人びとに迷惑をかけられない、といった忖度が働き、怒らせたら情報を得られなくなる、といった萎縮も起きたりして、書くべきことを書けなくなる、書かなくなる――そんな負の力に絡めとられてしまいがちになる。

それればかりか、情報にありつきたいがために取材対象におもねり、リーク情報を投げ与えられると無批判に垂れ流し、果ては取材対象と精神的にも一体化してしまい、書くべきことを書く気概さえ根元から喪失させてしまう者も珍しくはない。

いや、残念ながら、現実にはそちらの方が多数派かもしれない。政治取材の分野でも、経済や事件取材の分野でも、あるいは芸能やエンターテインメント取材の分野だってそれは変わらない。

実際のところ、近年なら「一強」政権下の官邸会見などで問うべきを問わぬ記者たちが批判の的となり、政権の提灯持ちのごとき記者やジャーナリストが雨後の筍のように湧き出した。少し前に大きな社会問題と化した大手芸能事務所トップによる信じ難き性加害問題にしても、芸能分野を取材する記者やリポーター連中は誰もが知っていたのに頬被りを決め込み、書こうともせず伝えようともせず、だから未曾有の蛮行は長年にわたって問題化することもなく放置され続けた。

煎じ詰めていえば、取材対象の懐に飛び込んで情報を掴み取りつつ、しかしその対象とは一定の距離を厳然と保ち、書くべきことは書き、批判すべき時には果敢に批判する――たとえ困難であっても、それがメディアとジャーナリズムに関わる者たちの鉄則というべき最大責務であり、ましてその取材対象が政治的、社会的に強大な権力を有する者や組織の場合には一層それが切実に求められる。

何よりこの点において、石井氏の姿勢は一貫してぶれない。本書はいわば、それを雄弁に証明する記録集である。

すなわち、強大な権力機関であると同時に強大な武力を有する事実上の〝軍事組織〟でもある防衛省と自衛隊を30年以上も継続取材し、その懐に深々と食い込んでディープな情報を掴み取りつつ、しかし防衛省・自衛隊に批判的な視座を保って書くべきことを石井氏は書き続けてきた。石井氏が記者として属する通信社から特ダネとして放たれ、本書にも収録されている記事の多くは、防衛省・自衛隊にとっては断じて書かれたくない情報だったろう。

たとえば、防衛省が人工知能（ＡＩ）技術を使った世論誘導の研究に着手したという２０２２年12月の特ダネ。または、自衛隊特殊部隊のＯＢが現役自衛官らに私的な戦闘訓練を施していたという２０２１年１月の特ダネ。あるいは、沖縄タイムスとの合同取材という異例の手法で同じ月に放たれた、沖縄・辺野古の米軍キャンプ・シュワブに陸自が「水陸機動団」を常駐させることで米海兵隊が極秘合意していたという特ダネ……。

さらには、自衛隊が米軍と実施した最高レベルの演習で「中国」を仮想敵国と初めて明示したという２０２４年２月の特ダネに眼を瞠《みは》らされる。その記事によれば、台湾有事を柱として想定した演習のシナリオは、特定秘密保護法に基づいて防衛省が特定秘密に指定したもよう、だという。つまりこの特ダネは、特定秘密保護法とのギリギリのせめぎ合いのなか、場合によっては同法違反容疑で捜査対象とされてしまう危険を孕みつつ発信されたのである。

このあたりについては、本書の最終章として収録された石井氏へのインタビュー「特定秘密と報道の使命」が興味深い。「一強」政権が世論の広範な懸念や批判を押し切って強行成立させた特定秘密保護法が問題だらけの治安法なのは記すまでもないが、それが報道現場にもたらしている悪影響について石井氏は、

「プレッシャーは、取材する側にとっても取材される側にとっても、とても大きい」「取材相手に話を聞いていて、私の質問に、『それ、特定秘』って言われてしまうと、もうそれから先は話ができなくなってしまう」「自分が喋ったら下手したら懲役10年だよ、お前も教唆に問われることがあるかもしれないよ、だからこれ以上は聞くな、ということです」「秘密保護法によって雰囲気が変わり、取材がやりにくくなっている」

と苦衷を赤裸々に吐露しつつ、しかし一方でこうも述べている。

「戦闘機の性能だとか、戦車の装甲の厚さなどの（略）軍事的な秘密事項以外については、市民には知る権利があると思いますし、記者として取材し、事実を報道していくべきだと思っています。たとえそれが特定秘密保護法で指定される特定秘密にあたる可能性があっても、です」「共同作戦計画案などは特定秘密に指定されている可能性があるでしょうが、地域住民の生命が巻き込まれる計画である以上、住民には知る権利があり、取材を恐れてはならないということです」

これほどの覚悟を持って防衛省・自衛隊を取材し、現実にギリギリの取材・報道を続け

ている記者が、果たして他にどれほどいるだろうか。しかも石井氏は、繰り返しになるけれど、防衛省・自衛隊が書かれたくなかったろう事実を特ダネとして次々発信し、なのに取材対象である防衛省・自衛隊の内部に深々と食い込み、おそらくは重要な情報源をいくつも保持し、いまなお書くべきことを果敢に書き続けているのである。冒頭の評が断じて世辞や追従でないことはお分かりいただけるだろう。

ちなみに石井氏はかつて、他にも刮目すべき特ダネを放っている。それは防衛省・自衛隊が長年にわたって密やかに運営し、これも間違いなく絶対に書かれたくなかったろう事実——陸自の秘密情報部隊「別班」の存在とその活動実態である。身分偽装した自衛官を海外での情報収集活動に従事させ、あろうことか歴代の首相や防衛相すら大半がそれを把握できておらず、これは明らかに文民統制＝シビリアンコントロールからも逸脱している——厚い秘密のヴェールに穴を穿って問題提起した特ダネは２０１３年11月に配信され、全国の新聞に大きく掲載され、ついには人気テレビドラマの題材にされるほどの反響を呼んだ。

残念ながらそのテレビドラマ自体は愚にもつかぬものだったが、この特ダネをめぐる取材経緯や「別班」の活動実態については、石井氏が２０１８年に上梓した『自衛隊の闇組織――秘密情報部隊「別班」の正体』（講談社現代新書）に詳しく、本書と併せて一読すると参考になるだろう。

さて、本書でも石井氏が盛んに警告を発しているとおり、この国は近年、戦後長く守ってきた矜持を次々となぎ倒し、「専守防衛」の建前すら打ち捨て、「防衛力の大幅増強」と「米軍との一体化」に突き進んでいる。集団的自衛権の一部行使容認に舵を切った安保関連法制。「制服組」の力が強化され、脆弱化しつつある「文民統制」。「防衛装備移転」という粉飾をまぶして事実上打ち捨てられた武器輸出3原則。かろうじて「1％」のタガをはめてきた防衛費も倍増され、ついには「敵基地攻撃能力」の保有までが現実のものとなっている。

そうした状況下、権限と予算を猛烈な勢いで拡大させている防衛省・自衛隊を、記者として冷徹な眼でウォッチしている石井氏の存在は頼もしく、他方でこんなことが言えるのかもしれないとも思う。すなわち、長年にわたって防衛省・自衛隊を取材している石井氏が、本書で紹介されたような特ダネを数々放ってこられたことは、防衛省・自衛隊のなかにも石井氏の記者活動に共鳴する情報提供者がいることを意味し、それは権限と予算を急膨張させている事実上の〝軍事組織〟のなかにも、現時点ではまだ良心がかすかに息づいている証左かもしれない、と。

しかし、それだけでもちろん十全と言えるはずはない。大小を問わぬメディア組織の内部にせよ、フリーランスにせよ、特に若手を中心に同様の志と矜持を持った記者が一人でも多く生まれてくることを切に望みたい。その際に石井氏の所作と佇まいは格好の〝教材〟であり、本書は優れたジャーナリズム読本でもあると思う。

（あおき・おさむ　ジャーナリスト）

石井 暁（いしい・ぎょう）
ジャーナリスト。1961年8月15日生まれ。慶應義塾大学文学部卒業。1985年共同通信社入社。現在、編集委員。立命館大学客員教授。1994年から防衛庁（防衛省）を担当。主な著書に『自衛隊の闇組織——秘密情報部隊「別班」の正体』（講談社現代新書）。

防衛省追及

2025年5月8日——初版第1刷発行

著者……………石井《いしい》 暁《ぎょう》

発行者……………熊谷伸一郎

発行所……………地平社
〒101-0051
東京都千代田区神田神保町1丁目32番 白石ビル2階
電話：03-6260-5480（代）
FAX：03-6260-5482
www.chiheisha.co.jp

デザイン…………鈴木 衛（東京図鑑）

印刷製本…………中央精版印刷

ISBN978-4-911256-18-3 C0031



地平社 乱丁・落丁本はお取りかえします。